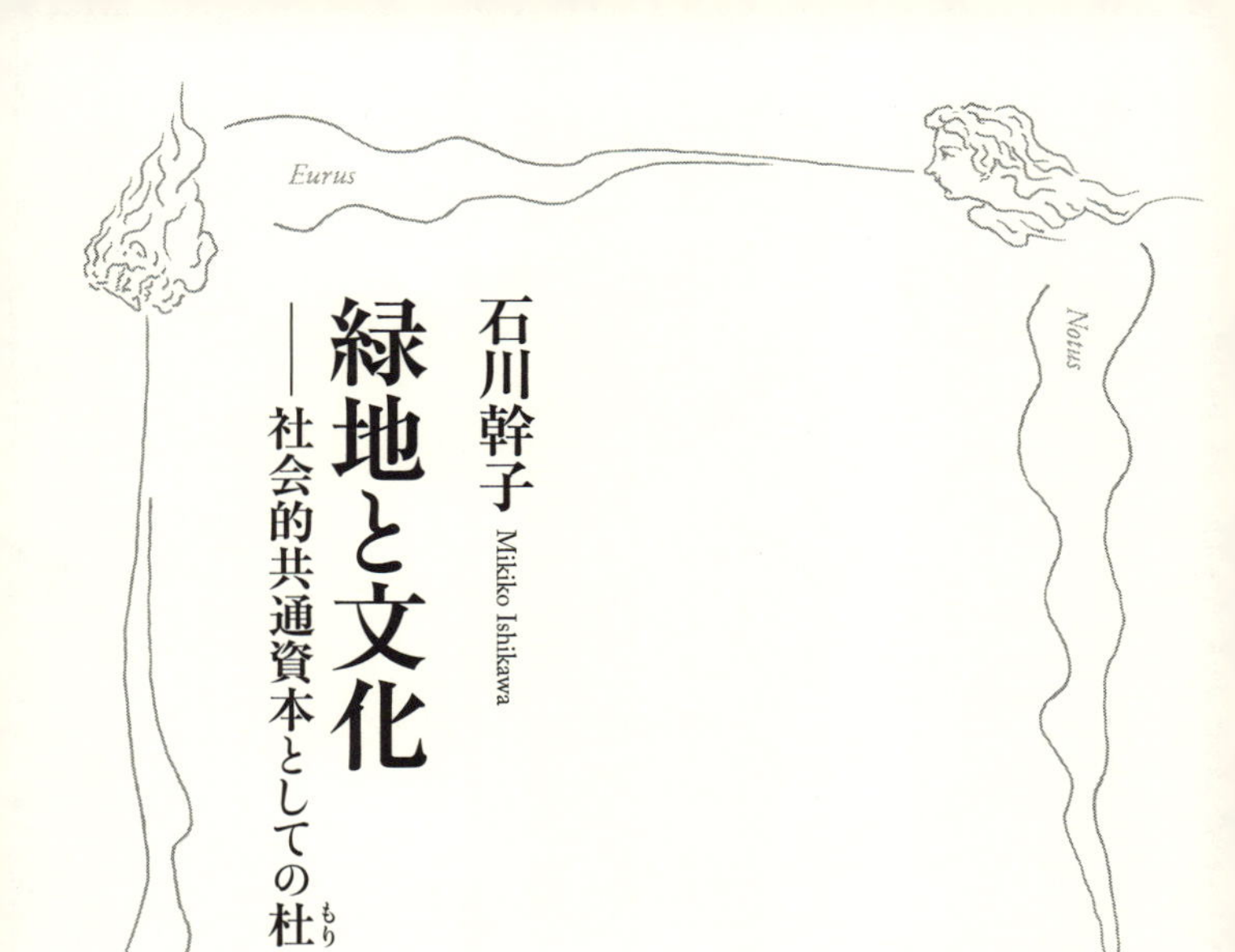

緑地と文化
——社会的共通資本としての杜(もり)

石川幹子
Mikiko Ishikawa

岩波新書
2060

はじめに

静かに眼を閉じれば、私たちの心には、思い浮かぶ風景がある。早春のさわらび、らんまんと咲く桜、涼やかな野を渡る風、木枯らしの中に地平線から昇りゆくオリオン。巡りゆく時の流れと自然の織りなす営みは、豊かな土壌となり、日本の文化を育んできた。

庭も、その一つである。庭は、古くは「林泉(りんせん)」と呼ばれた。林泉は、閉ざされたものではなく、人びとが行き交い、四季折々の風情を愛(め)でる心豊かな場であり、都市の文化を支えてきたことが、都林泉名勝図会(みやこりんせんめいしょうずえ)、江戸名所図会の中には、いきいきと描かれている。

日本における「公園」は、この伝統を踏まえて、一八七三(明治六)年に誕生した。全国の都市における名所・旧跡・群集遊観の場所を「万人偕楽(かいらく)の地」とするので、府県においては候補地を自ら選定し、大蔵省に届け出ることとされた。東京の上野・浅草・芝・飛鳥山・深川、大阪の住吉・四天王・箕面(みのお)・浜寺(はまでら)、京都の円山(まるやま)、水戸の偕楽園等は、こうして永続性が担保された。これらは開かれた林泉であり、「太政官布達(だじょうかんふたつ)公園」と呼ばれ、全国の都市の誇りとして継承されている。

その後、近代化に伴い、身近にあった雑木林や水辺等、郷土の美しい環境が失われていったことから、これを護るために、「緑地」という新しい言葉が、昭和初期に誕生した。

なかでも、東京は、江戸開府以来、林泉の文化に支えられてきた都市である。武蔵野台地が江戸湊に没し、富士の霊峰が遥かにそびえる。その突端に築かれた江戸城を中心とし、大小の林泉が営まれ、下町の舟運と園芸文化に支えられた江戸は、「林泉都市」の名作であった。大地震、明治維新、関東大震災、戦災という激動をくぐり抜け、その誇りと伝統・技術は、社会的イノヴェーションとして蘇り、新たな時代を切り拓く礎石となった。今日なお日本経済の中枢であり、四〇〇〇万人規模という世界最大のメガロポリスとなった東京が、多くの人びとを魅了するのは、危機に瀕して継承され、かつ、創出されてきた「林泉都市」が、東京の基層を支えているからに他ならない。

しかしながら、二一世紀の豊かな時代に、いま、この土台を揺るがす事態が進行している。二〇二四年一〇月二八日、市民、国際社会からの反対を退け、明治神宮外苑において、百年の星霜を重ねてきた樹林の伐採が強行された。外苑の杜は、林泉を理想とし、大正年間に国民の献金・献木・勤労奉仕により創り出され、関東大震災を経て「準公園」となった。第二次世界大戦により都心は焦土と化したが、一九四六年四月には戦災復興特別都市計画法による公園緑地として告示され、一九五七年一二月には、「都市計画公園明治公園」となった。この間、風致地区に指定され、良好な環境を維持する地域として手厚く護られてきた。百年経過した今日も、位置づけは不動である。

今回、これらの法制度をほかならぬ東京都が反故にし、公園区域には建設することができないオフィス用途を含む超高層ビルの建設を可能とした。第一期だけでも三〇〇〇本にのぼる樹木の伐採が開始された。

明治神宮内苑・外苑の杜は、伊勢神宮における内宮と外宮の伝統を踏まえて、連絡道路(裏参道)で結び創り出された世界にも類例のない「社会的共通資本としての緑地」である。本来、文化を護り育てていく使命を有する東京都が、市民の預かり知らぬところで、様々な制度をつくりだし、国際記念物遺跡会議(International Council on Monuments and Sites、略称ＩＣＯＭＯＳ)や国連人権委員会からの警告さえをも無視し、事業者が白昼堂々と樹木を切り倒し、文化資産(Cultural Heritage)を破壊することが、何故、可能となるのであろうか。ほかならぬ神宮外苑で、このような破壊行為が合法化されれば、全国の公園緑地は、その歴史的・文化的意味が抹殺され、市街化の波の中に消えていくこととなる。

本書は、この基本的な「問い」を解明することを目的とする。

第一に、何が起こっているのか、問題の根源はどこにあるのかを明らかにする。

第二は、そこから見える課題を、歴史的パースペクティヴと国際的視点の二つの軸から考察する。これは公園緑地が悠久の大地と共にあり、時間軸を据えることが必須であり、かつ、気候変動問題が根底に存在するため、国際的視点が不可欠であるからである。

第三は、「社会的共通資本としての緑地」の有するサステイナビリティ（持続可能性）の構造を明らかにする。これを踏まえ、都市における公園緑地が、文化を支える「社会の富」として共有され、たくましく次世代へと手渡すことが可能となる原則、展望を述べる。


世界の都市で、文化資産を、自らの手で抹殺しようとしている国は、およそ存在しない。不幸な戦乱の続く国で、戦禍にあえぐ人びとは、いつの日か平和が訪れ、その時にこそ失われた文化資産を再生する固い志（こころざし）を持っている。私たちは、文化を次世代に繋（つな）いでいくための、民主主義に基づく道を踏み外してはならない。

本書では、「社会的共通資本としての緑地」を、世界の共通言語となっている「グリーンインフラ」として併記する。これは、グリーン・インフラストラクチャー(Green Infrastructure)を簡潔に表記したものであり、世界的な用語となっている。地球環境問題が顕在化する中で、世界中の人びとが、心を合わせて取り組まなければならないものに他ならないからである。

また、時間と空間の織りなす物語を理解していただくために、図面・写真を数多く引用した。近年の事例は、国内、中国、ブータン王国を含め、市民・行政の皆様が協働で創り出してきた公園緑地を実例として示した。写真は、特にことわりがない限り、筆者が撮影したものである。

このささやかな書物が、人びとの幸せを支える文化を次世代へと継承し、創り出し、未来への架け橋となることを願うものである。

目次

展望　未来へと手渡していく社会の富……193

靖国神社
千鳥ヶ淵
戦没者墓苑
北の丸公園
日本橋川
東郷元帥
記念公園
皇居東御苑
四ツ谷駅
皇居
清水谷公園
東京駅
皇居外苑
京橋川(旧)
日枝神社
国会議事堂
日比谷公園
築地川(旧)
檜町公園
浴恩園(遺構)
浜離宮
恩賜庭園
芝公園

・東京

新宿
中央公園
新宿駅
外濠公園
新宿御苑
須賀神社
裏参道
国立能楽堂
鳩森八幡神社
明治
神宮内苑
明治
神宮外苑
赤坂御所
明治公園
代々木
八幡宮
東郷神社
高橋是清翁
記念公園
原宿駅
代々木公園
乃木公園
表参道
国立新美術館
青山霊園
穏田神社
渋谷川
青山公園
渋谷駅
街路樹
川（暗渠・緑道を含む）
0
500
1000m

千年の杜

序 章

問題の根源はどこにあるのか

100 年前に創り出された世界に誇るイチョウ並木．近代都市美に基づく並木道と，それを映し出す伝統的「水鏡」が融合する空間．市街地再開発事業により，写真右側に神宮球場の外野スタンド，超高層ビル（高さ 190 メートル）が建設される

1　神宮外苑で強行された都市の杜の伐採

二〇二四年一〇月二八日、神宮外苑において文化資産である樹林地の伐採が強行された。「神宮外苑地区市街地再開発事業」によるものであり、施行を認可したのは、東京都である。都市計画公園明治公園が、三・四ヘクタール削除され、現在の秩父宮（ちちぶのみや）ラグビー場と神宮球場を取り壊して超高層ビルを建設し市街地とするための再開発事業が開始された。外苑の樹林は、風致地区条例により伐採は厳しく制限されてきたが、大幅な規制緩和に伴う再開発等促進区が導入され、実施された。第一期だけでも三〇〇〇本の樹木の伐採・移植が行われている。しかも、今後一〇年にわたって計画されている事業の第一段にすぎず（図序-1）、「林泉の美」を理想として創り出された外苑は、高層ビル群の谷間に沈み、文化資産としての再生は、不可能となる。事業者は、三井不動産、伊藤忠商事、明治神宮、独立行政法人日本スポーツ振興センター（JSC）である。

神宮外苑は、大正年間に、神宮内苑と「対」になるものとして、国民の献金・献木・勤労奉

図序-1　神宮外苑地区市街地再開発事業で伐採・移植が，実施及び計画されている樹木．大正期より育まれてきた歴史的樹木は壊滅する(中央大学研究開発機構グリーンインフラ研究室，2022 年 1 月作成)

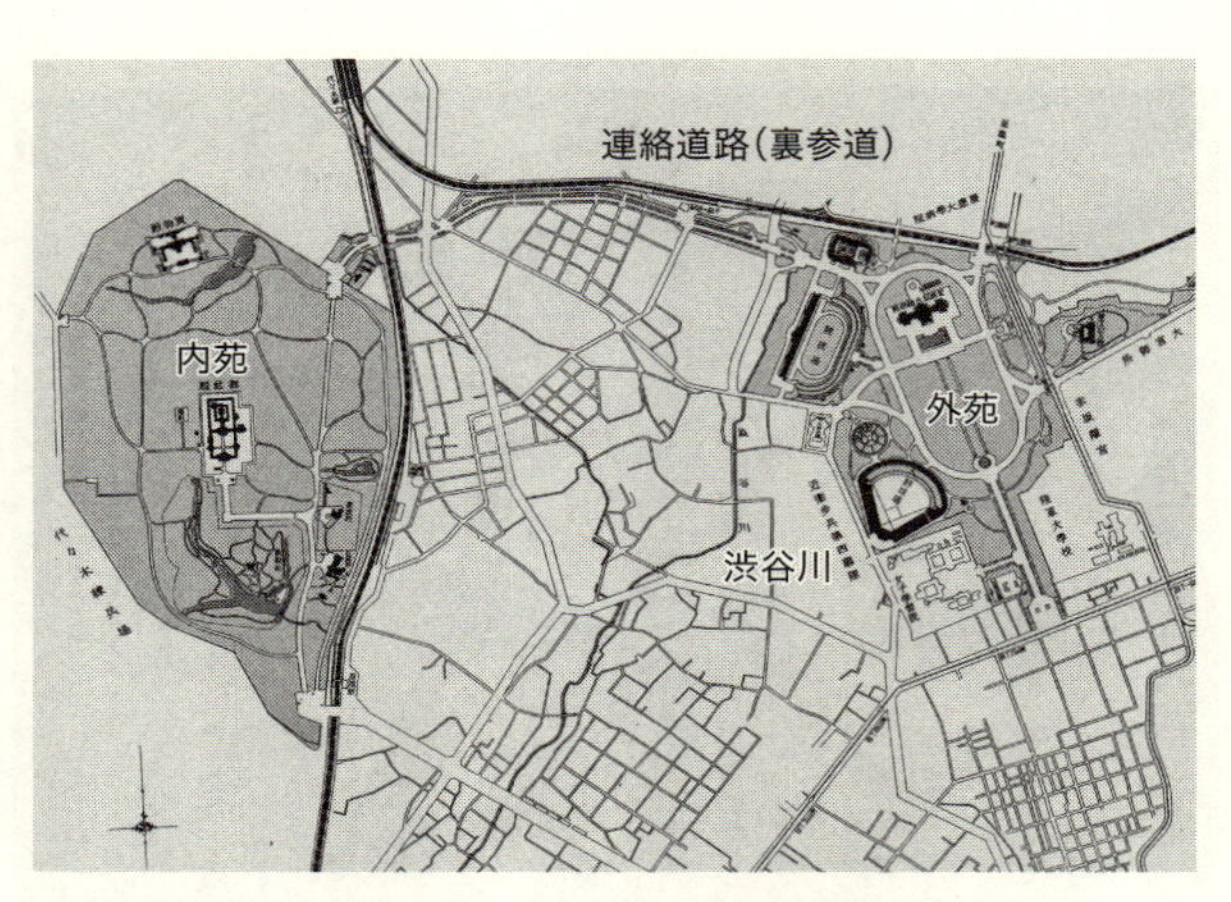

図序−2　明治神宮内苑・外苑連絡道路

仕により創り出された世界でも類例のない公園である。内苑は、「森厳荘重」・「清雅幽邃」を旨とし、外苑は、人びとが樹林の中を流れる小川や泉を愛でながら憩う、「公衆の優遊の場となる林泉」として計画された。二つの杜は伝統を踏まえて連絡道路(裏参道)により結ばれた(図序−2)。

内苑の杜は、人びとに開放されていた井伊家の林泉を、明治天皇が愛でられ、御料地とされた清雅幽邃の地であった。台地上の松林や畑地として使われていた地区に、御社殿が建立され、常緑広葉樹林への遷移を促す森厳荘重の杜が創り出された。

外苑については、公衆の優遊の場となる林泉を、どのように創るかが、大きな課題であった。未来への挑戦であり、明治という時代を辛くも駆け抜

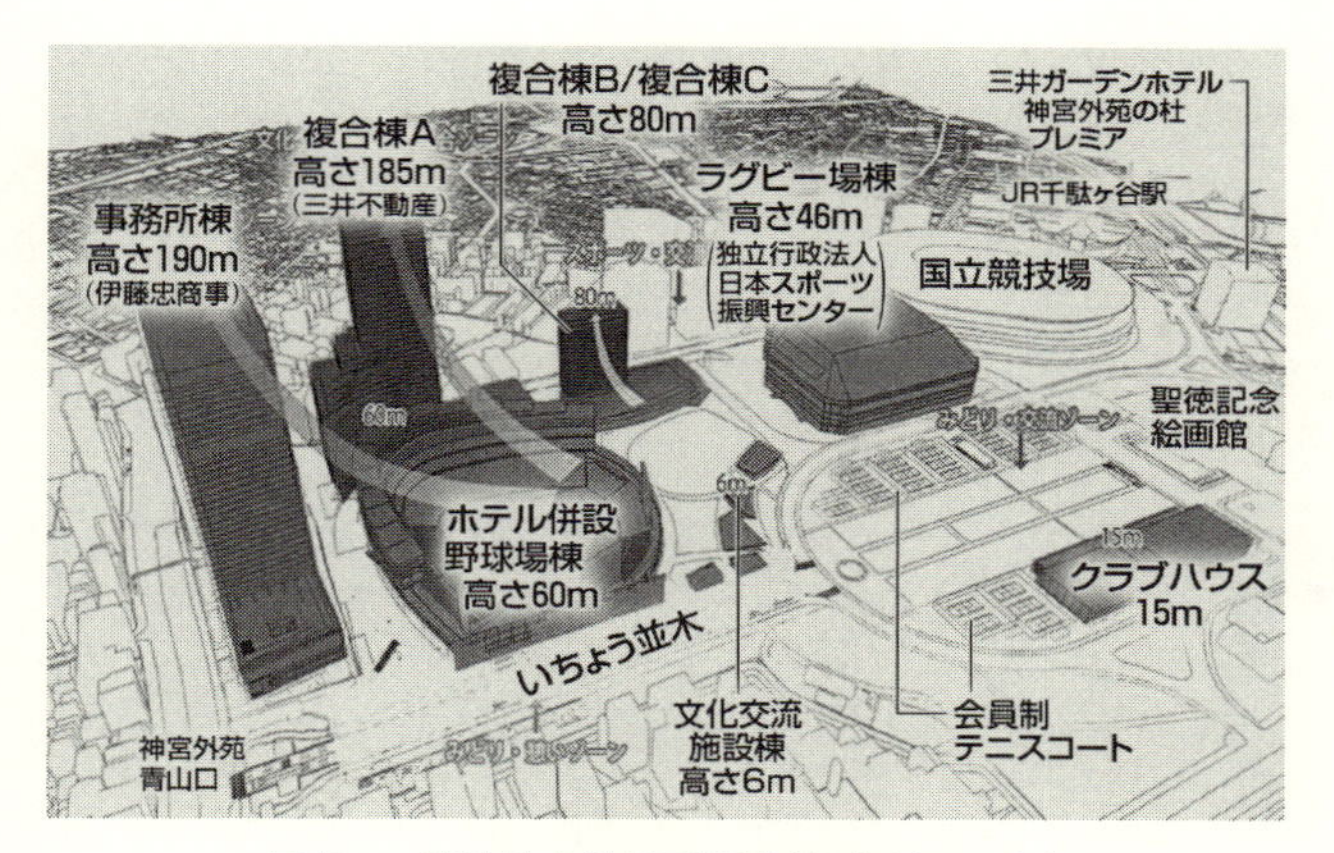

図序-3　明治神宮外苑再開発計画図（2022 年）

けた、人びとの夢と希望が託されていた。第四代東京市長・阪谷芳郎は、尾崎行雄がポトマック河畔への桜の寄贈を行い親交があったアメリカ合衆国首都ワシントン、及びヨーロッパ諸国へ設計技師・折下吉延を派遣した。折下は、一年に及ぶ見聞を踏まえて、最先端のデザインが「都市美」にあることを学んだ。

誕生した外苑の最大の特色は、日本には存在しなかった「広場」を中央に創り出したことにある。陽光の降り注ぐ芝生広場に深い緑陰を落とす疎林が配され、林間を流れる小川に沿って、絵画館、音楽堂が計画され、四列のイチョウ並木が堂々たるエントランスとして植栽された（序章章扉）。青山口には、児童遊園が整備され、子どもを慈（いつく）しむ社会の理想が実現した。芝生広場は、終戦後GH

Qにより接収され、軟式野球場となったが、解除後は、メーデーの会場となる等、東京における広場として重要な役割を果たした。

図序-3は、再開発事業により変貌する外苑である。超高層ビルが立ち上がり、芝生広場は、会員制テニスコートとなり、クラブハウスが建設され、巨樹となった創建時の樹木が、数多く伐採・移植される。現在の秩父宮ラグビー場、神宮球場が取り壊され、高さ一九〇メートル、一八五メートルの超高層オフィスビル二棟、高さ八〇メートルのビル、高さ六〇メートルのホテルを併設した野球場、高さ四六メートルの屋根付きのラグビー場、中央広場には、文化交流施設(五棟)の建設が行われる。

2 何のための再開発か

何のために、百年前に創り出された「公衆の優遊の場」が複合市街地と化すのであろうか。東京都は、次のように回答している(「神宮外苑地区まちづくりを進める意義等について」二〇二三年四月一四日)。

①老朽化したスポーツ施設を更新し、世界に誇るスポーツクラスターをつくる。

②歩行者ネットワークを強化し、新たな複合型のまちづくりを推進する。
③広域避難場所としての防災性を高める。
①のスポーツクラスターの整備は、二〇一四年七月に、サブトラックの建設が困難とされ、すでに頓挫している。かわって登場したのが②の複合型まちづくりであったが、外苑は市街地ではなく公園であり、論理は当初より破綻していた。超高層ビルの建設により、昼間の人口が増大し、一人あたりの避難有効面積も減少するため、③の広域避難場所の機能は大きく損なわれる。公的機関である東京都が目標を理路整然と説明することができないという、危機的現実が横たわっている。それでは、何のための再開発か。
一九八〇年代より、都市の国際競争力を強化するために、内外の企業が集中する都心における都市機能の高度化が政策目標となり、都市再生特別措置法が二〇〇二年に制定され、大幅な規制緩和が実施されてきた。これは企業と行政が主導するものであり、土地利用の用途、建蔽（けんぺい）率、容積率、建築物の高さ等の緩和により、莫大な収益が事業者にもたらされることとなる。この間、社会の暗黙の前提として、規制緩和は「善」であるという認識が形成されてきた。しかし、都市のストックには規制緩和を行ってよいものと、社会に対し回復不可能な、甚大な負のストックを生み出してしまうものがあり、この判断が、日本では不問に付されてきた。

都心における公園緑地は、都市の活力を根本的に支えるグリーンインフラであり、本来、規制緩和の対象とはならないものである。世界の主要都市で、都心の歴史的な公園緑地を削除し、大規模な市街地再開発を行っている都市は、存在しない。

しかしながら、日本においては、細分化した土地ではなく、オープンスペースの広がる公園緑地は、事業者にとっては、またとない錬金術の宝庫とみなされた。外苑は、良好な環境を維持するため、風致地区条例により、建築物の高さは一五メートル以下と規制されてきた。この法的ルールを反故にし、高層の建築物を建てることができれば、巨万の富を手中に収めることができるのである。そのためには、「大義」が必要であった。

大義としての再開発事業の目標は、この間、東京都により様々な提案が行われた。二〇一一年一二月、東京都は「二〇二〇年の東京」を作成し、四大スポーツクラスターを、神宮・駒沢・武蔵野・臨海につくりだすとした。

二〇一二年七月一六日、東京都は二〇二〇年オリンピック・パラリンピック競技大会への立候補を表明した。しかし、二〇一四年七月には、サブトラックの建設を困難と判断したため、スポーツクラスター構想は実現不可能となった。かわって、二〇二〇年二月に、事業者(代表・三井不動産)により提案されたのが、上述した超高層ビルを建設する「公園まちづくり計画」であった。

「大義」は大きく変更され、国際スポーツクラスターではなく、事務所ビルを建設する「複合型の公園まちづくり」となった。これを踏まえて、二〇二二年三月には、地区計画により、再開発等促進区が導入され、建築物の高さと容積率の大幅緩和が行われた。同時に、都市計画公園明治公園が三・四ヘクタール削除され、超高層オフィスビルの建設が可能となった。また、都市計画決定のプロセスを経ることなく、権利変換方式によって行われる第一種市街地再開発事業が導入され、環境影響評価(環境アセスメント)の検討が開始された(経緯については、第六章で詳述する)。

市民、国際社会の再開発への反対の声が高まるにつれ、二〇二三年一〇月、および二〇二四年一月、神宮外苑の成瀬伸之総務部長はインタヴューに応じ、明治神宮の収益構造は、外苑が約八割、その六~七割は神宮球場からの収入と説明し、内苑を含めた明治神宮の護持には外苑の収益がかかせないと、再開発の必要性を述べた。続いて、二〇二四年四月、事業者代表の三井不動産幹部が、「社殿と広大な森が広がる内苑。その維持管理費の多くはスポーツ施設がある外苑の収益で、まかなわれています」と述べ、再開発は「内苑の緑を護持すること」にあると、三度目の「大義」の変更を行った。

しかし、これは内苑の杜の実態を全く知らないことを、露呈する結果となった。内苑の杜は、第一に、水資源の枯渇、第二に、気候変動に伴うナラ枯れ、第三に、ほかならぬ明治神宮による杜の伐採により、もはや金銭で解決できる次元の問題ではなくなっているのである。

3　水資源の枯渇による内苑の杜の危機

内苑の杜は、遥か上空からみれば圧倒的なスケールであり、「内苑の杜は原生林」である等という、およそ、非科学的な言説も流布している。大地に根をはり生きている杜を歩けば、問題の深刻さを理解することができる。内苑の杜は、現在、「荒地」に百年をかけて永遠の杜が創り出されたと、マスコミ等で快挙として取り上げられているが、歴史的経緯を踏まえない誤った認識である。一九一二(明治四五)年七月、明治天皇が崩御され、神宮が創建されることとなったが、渋沢栄一をはじめ、当時の人びとが、あえて荒野を鎮座地にするであろうか。

第三章で詳述するが、鎮座地は数多くの候補地の中から、最も「林泉の美」の備わる「別天地」が選ばれたのである。この地は、徳川三代将軍家光が、一六四〇年、彦根藩主井伊直孝に与えた下屋敷に起源を有し、「神代(かみよ)よりの古木」といわれた大きなモミノキがあり、広く庶民に開放されていた林泉であった。野あり山あり、百草が生じ、梅、桜を愛でる茶屋もあったことが、図面と共に残されている。いわば、今日に連なる公園の第一号であった。明治天皇は、この地を愛され、病弱な昭憲皇太后のために「御苑」を営まれ、武蔵野の四季折々の風情を愛でる林泉とされた。次のような歌を詠まれている。

うつせみの　代々木の里は　しづかにて
　都のほかの　ここちこそすれ

昭憲皇太后は、この御苑を愛され、度々お出ましになられた。南池のほとりには御釣台があり、ここで釣りを楽しまれたという、ほほえましいエピソードも残っている。

大正期にはいり、神宮の杜を創り出す時、その任にあたった本多静六の愛弟子である上原敬二は、思い出を次のように語っている。

「大正三年の春の頃、外柵の破れ目からもぐりこみ、入ったものの、その広いことに驚くばかりであった(略)。管理人にみつけられまいとして、おどおどしながら、足音を気にし、それでも御苑を除いた全域と思われる部分を歩き回った。これが後日、大学教室における本多教授の設計手伝いに当たり、どのくらいやくにたったかわからない」

この上原の述懐から、謎が解ける。上原は、井伊家の林泉、すなわち明治天皇、昭憲皇太后の愛された御苑を調査することは不可能だったのである。一介の学生が御苑に入ることができなかったのは当然であった。しかし、上原による、台地上のエリアの緻密な調査は結実し、本多静六、本郷高徳らと共に、永遠の杜モデルが提示され、今日の鬱蒼とした常緑広葉樹林となった。この杜は、人の手を加えない林苑として、御社殿の周囲に創り出された。

江戸期より継承されてきた御苑は、常緑広葉樹林ではなく、四季折々の武蔵野の杜であった。現在の皇居の吹上御苑と同じく、人の手により丁寧に維持されてきた杜であった。立地も清正井の清冽な湧水のある谷に位置し、水田や菖蒲田があり、段丘崖に沿ってカエデやイヌシデ等の落葉広葉樹林が発達しており、御社殿がつくられた台地上の乾いた平坦な地とは、土壌条件を含めて全く異なるものであった。しかし、「人の手を加えない杜」という原則が、調査が行われなかった御苑にも適用されてきたため、現在、御苑の杜は存亡の危機にある。

第一は、水資源の枯渇である。

内苑には、二つの小川が流れていたが、現在は二つとも涸れており、小川があったことすら案内図にも記載されていない(図序-4)。なかでも清正井の上流部に広がる谷は、水源涵養域として極めて重要であるが、管理が放置され、駐車場、手洗い、管理事務所、自動車専用道路等が建設され、土砂が流入し、スギの美林は息も絶え絶えとなっている。

内苑には、南池・北池・東池の三つの池がある。南池は最も大きな池であるが、創建時、隣接する代々木練兵場からの土砂の流入を防ぐため、上流部に調節池が設置され、雨水が流入しないように設計が行われた。現在、この調節池は代々木公園のバードサンクチュアリーとなっているが、内苑との間には土塁と石組みが構築され雨水排水は、南池に流入することはない。このため慢性的水不足に陥っている(図序-5)。北池は周辺地域の市街化の進展により、小川は涸れ、冬季には池底が露出する。東池は、上流域の水源涵養域の杜が社務所等の建設により伐採されたため、水量の減少は著しく回復は困難な状況にある。

図序-4　涸れた小川．北池上流

図序-5　南池．代々木練兵場からの汚濁した雨水排水が流入しないように設計されたため，慢性的水不足となっている

第二は、気候変動に伴い、本州全域を直撃しているナラ枯れである。

図序–6　ナラ枯れにより伐採された御社殿入口の雑木林．柵の背後が清正井への散策路(撮影：2024 年 5 月 2 日)

ナラ枯れとは、カシノナガキクイムシが媒介するナラ菌により、スダジイ、シラカシ、マテバシイ、コナラ等の樹木の水分吸収能力が阻害されるため枯死する伝染病であり、内苑・外苑でも猛威をふるっている(図序–6)。森林の放置と気候変動の双方が関与しており、樹林地の回復は喫緊に取り組まなければならない問題となっている。これが、事業者が主張する金銭で解決しうるものであろうか。

第三がほかならぬ明治神宮による、森厳荘重な杜の伐採である。

神楽殿・社務所・売店・レストラン・ミュージアム等の建設のために、百年をかけて形成されてきた杜は伐採された。内苑は、都市緑地法に基づく特別緑地保全地区に、一九七六年より指定されており、現状凍結的保存が求められていた。

4　市民との対話の拒否

このように作り出された「大義」が次々に論拠を失っていく中で、事業者が、外苑の再開発を進める唯一の依り処を物語るのが、伐採当日の朝（二〇二四年一〇月二八日）、伐採が強行される第二球場の鉄の扉の前で、筆者と事業者代表（三井不動産）の責任者が交わした会話である。

伐採当日の早朝、筆者は、ユネスコの世界遺産の諮問機関であるイコモスが、二〇二三年九月七日に発出した、ヘリテージ・アラートを持参し、「再開発の再検討の要請に対する明確な返事がない限り、伐採はすべきでない」と、責任者との対話を求め、鉄の扉の前に立った。

筆者「伐採前に、責任者と話がしたいので、お取次ぎをお願いします」

警備員「連絡をしますので、ここでお待ちください」

事業者「ここは明治神宮の私有地ですから退去してください」

筆者「ここは、関東大震災の後、後藤新平等により「準公園」として位置づけられ、今日まで、継承されています。ですから、純粋な私有地ではありません。市民のための公園です。私利私欲のために樹木を伐採することはできません。東京都のホームページで確認すればわかります」

話し合いは、行われなかった。何故、このエピソードを示したかは、事業者の論拠が「私有地」であるという一点だったことを明らかにしたかったためである。

神宮外苑は、関東大震災後の復興事業で「準公園」に指定された。戦災復興特別都市計画を経て、一九五七年一二月二一日に、現在の東京都の公園緑地の基本となる見直しが行われ「事業化を要しない公園緑地」として計画決定が行われ、今日に至る。

これは、「都市公園と同種の公園的施設で、新宿御苑、自然教育園、明治神宮外苑等管理者が地方公共団体でないため、都市公園と称しえないもの」と定義されており、事業者が再開発の論拠とする私有地ではない。しかも、明治神宮は歴史的に二つの社会的な誓約をしている。

第一は、竣工直後の一九二六(大正一五)年一〇月、「明治神宮奉賛会」は外苑を奉献するにあたり、将来の希望を申し入れ、明治神宮は、これを受け入れた。

「外苑は、国民多数の誠意から明治神宮に奉献するものであるため、遊覧を主とする場所、例えば、上野、浅草公園とは性質を異にする。したがって理想を守り、明治神宮に関係のないような建物の建設や博覧会等の利用は無いようにしていただきたい」

第二は、戦後、時価の半額で外苑の土地が払い下げられることとなった時、明治神宮は文部省社会教育局より、次の一文を受け取り、異存はないと直ちに回答を行った。

「学生を含め国民がいつでも公平に使用できること、アマチュアスポーツの趣旨に則り、使用料ならびに入場料は極めて低廉であること、施設を絶えず補修しうる経費の見通しがあること、関係団体を含めて民主的な運営管理をすること」

このように外苑は、純粋な「私有地」ではなく、法の下に百年護られてきた「社会的共通資本としての緑地」である。現在、伐採が行われている建国記念文庫の杜では、伐採に反対する市民がヒューマンチェーンをつくり抗議活動を行ってきた。鉄の壁には、「私有地につき、立ち入りはご遠慮願います」と書かれた看板が、市民との対話を、一切、拒否するものとして貼られている。

以上を踏まえて、本書は、次の構成をとる。

第一に、「私有地」とは決定的に異なる「社会的共通資本としての緑地」は、どのようなものか、概念を明らかにし、世界の優れた事例を示す(第一章)。

第二は、東京に例をとり、如何なる自然的・歴史的・文化的・経済的背景と政治的プロセスにより、「社会的共通資本としての緑地」が形成されてきたのかを考察する（第二章）。

第三は、再開発に直面する文化資産としての神宮外苑、水資源の枯渇と地球温暖化の直撃を受け存亡の危機にある神宮内苑が、如何なる経緯を経て、都市の杜となったのか、学術調査に基づき、その全容を明らかにする（第三〜五章）。

第四は、外苑における「社会的共通資本」存続の基盤が、如何なる手法により切り崩されているのかを、「公園まちづくり制度」「再開発等促進区」「第一種市街地再開発事業」の三つの施策を通して明らかにする（第六章）。

第五は、緑地は、「文化」を支えるものであることを、一八七三年の太政官布達に基づく公園の導入、仙台の杜の都の四百年、岐阜県各務原市の水と緑の回廊、東日本大震災からの復興、北の大地・帯広のグリーンインフラ、鎮魂の杜・広島を通して述べる（第七章）。

これを踏まえて、文化を支える「社会的共通資本としての緑地」のサステイナビリティ（持続可能性）の原則・展望を示し、「千年の杜・東京」へのヴィジョンを示す（展望）。

第一章

社会的共通資本としての緑地とは何か

中国四川省都江堰(とこうえん)．チベット高原に発する岷江(みんこう)を治め，古代水利工と林盤(りんぱん)(杜に囲まれた農村コミュニティ)により，諸葛孔明が「沃野千里天府の地」と讃えた，社会的共通資本(グリーンインフラ)が継承されている(提供：都江堰市)

1　社会的共通資本としての緑地(グリーンインフラ)

「インフラストラクチャー」という用語の起源は、ラテン語の基盤を意味する「インフラ」(infra)と、構造を意味する「ストゥルクトゥーラ」(structura)を、近年になり合成した言葉であると言われている。インフラストラクチャーという用語自体の初出は、フランス語(一八七五年)であり、次いで一八八七年には英語にも登場したとされており、いずれも「システムの基盤を形成する装置」を意味した。

原点となる、ローマに遡れば、ローマ人の創り出したインフラは、街道、橋、水道、港、神殿、公会堂、広場、劇場等、ハードなインフラだけではなく、安全保障、治安、税制、医療、教育、通貨等、ソフトなインフラまでにも及んだ。「インフラ・ストゥルクトゥーラ」という二つをあわせた言葉は、ローマには存在しなかったが、その定義は、「人間が人間らしい生活をおくるためのモーレス・ネチェサーリエ、すなわち必要な大事業」であるとされた。

「すべての道はローマに通じる」と言われているように、ローマ人がつくったインフラは、現在のイタリア、オーストリア、ルーマニア、ギリシャ、トルコ、エジプト、モロッコ、スペイン、ポルトガル、フランス、ドイツ、イギリスに及ぶ広大なものである。紀元前三世紀に創り出された、これらのインフラは、時を越えて継承され、今日なお、人びとの暮らしの基盤を支えている。

時代を経て、インフラを明確に定義したのが、宇沢弘文の『社会的共通資本』である。ローマ人が定義した「人が人として暮らしていくための基盤」について、宇沢は、次のように定義している。

要件一　社会的共通資本は、一つの国ないし特定の地域に住むすべての人々が、ゆたかな経済生活を営み、すぐれた文化を展開し、人間的に魅力ある社会を持続的、安定的に維持することを可能にするような社会的装置を意味する。

要件二　社会的共通資本は、一人一人の人間的尊厳を守り、魂の自立を支え、市民の基本的権利を最大限に維持するために不可欠な役割を果たすものである。

要件三　社会的共通資本は、たとえ私有ないしは私的管理が認められているような希少資源から構成されていたとしても、社会全体にとっての共有の財産として、社会的な基準にしたがって管理・運営される。

要件四　社会的共通資本はこのように、純粋な意味における私的資本ないしは希少資源と対置されるが、その具体的な構成は先験的あるいは論理的基準にしたがって決められるものではなく、あくまでも、それぞれの国ないし地域の自然的、歴史的、文化的、社会的、経済的、技術的諸要因に依存して政治的なプロセスを経て決められるものである。

その上で、宇沢は、社会的共通資本を以下の三つのカテゴリーに分類した。

・自然環境：山、森林、川、湖沼、湿地帯、海洋、水、土壌、大気
・社会的インフラ：道路、橋、鉄道、上・下水道、電力
・制度資本：教育、医療、金融、司法、文化

この三つのカテゴリーは、互いに支え合いながら社会の持続的維持に寄与するとされている。それでは、宇沢の分類に基づく「自然環境」が、山、森林、川、湖沼、湿地帯、海洋、水、土壌、大気等の物的環境にとどまらず、自然環境を生かした「社会的共通資本」と成りうるにはどのような要件が備わっている必要があるのだろうか。この問いは、「社会的共通資本としての緑地とは何か」を考える上で、最も基本となるものである。本章では世界の事例を示すため、以下、簡潔に「グリーンインフラ」と記載する。

筆者は、人類の歴史の中で人びとに恩恵を与えている事例の調査を踏まえ、グリーンインフラの要件について考察を行ってきた。その結果、グリーンインフラは社会が危機に直面し新しい時代へと転換する節目に、社会的イノヴェーションとして誕生してきたことがわかった。

2　時空を超えた社会的イノヴェーション

林盤——紀元前二三〇年

現存する世界のグリーンインフラで、最も古いものの一つが、中国四川省都江堰（とこうえん）の「林盤（りんぱん）」である。二〇〇八年五月一二日、マグニチュード八・〇の「四川汶川（ぶんせん）大地震」が発生した。死者・行方不明者は八万七〇〇〇人にのぼった。筆者は、中国の友人からの要請で、被災一カ月後に現地にはいり、世界一三カ国の専門家と共に、世界遺産都市・都江堰の復興グランドデザインの策定に携わった。中心市街地は壊滅しており、筆者は農村地帯を担当した。

住宅は壊滅していたが、水路、畑、林地には被害はなく、人びとは簡単なテントをはり、生活を再開させていた。東日本大震災や能登半島地震でも、真っ先に必要とされたことが、被災者の安全な暮らしの場の確保であった。何故これまでの生活環境が持続可能であったのか、この謎を解くことが必須と判断し、筆者は一〇年以上にわたり現地調査を行った。そして、「林盤」というグリーンインフラが、二千年の長きにわたって農村地帯の持続性を支えていることを明らかにし、復興支援を行ってきた。

都江堰では、紀元前二三〇年、李冰父子により古代水利工が築かれ、遥かチベット高原に発し、四川盆地へと没する暴れ川であった岷江の水が、広大な成都平原を潤すこととなった（第一章章扉）。諸葛孔明は、この地を「沃野千里、天府の地」と讃えた。林盤は、この古代水路網に沿って発達した農村コミュニティの原型であり、成都平原には無数の林盤が脈々と受け継がれている。平均面積は、約一ヘクタール、人口は五〇～一〇〇人である。図1-1は、都江堰市聚源鎮金鶏村の典型的林盤であり、水田耕作を主とするが、林盤内には、蔬菜、植木、果樹等の作物が植えられている。農業・林業・園芸・畜産の複合的な経営が行われており、階層的な灌漑水路網（支

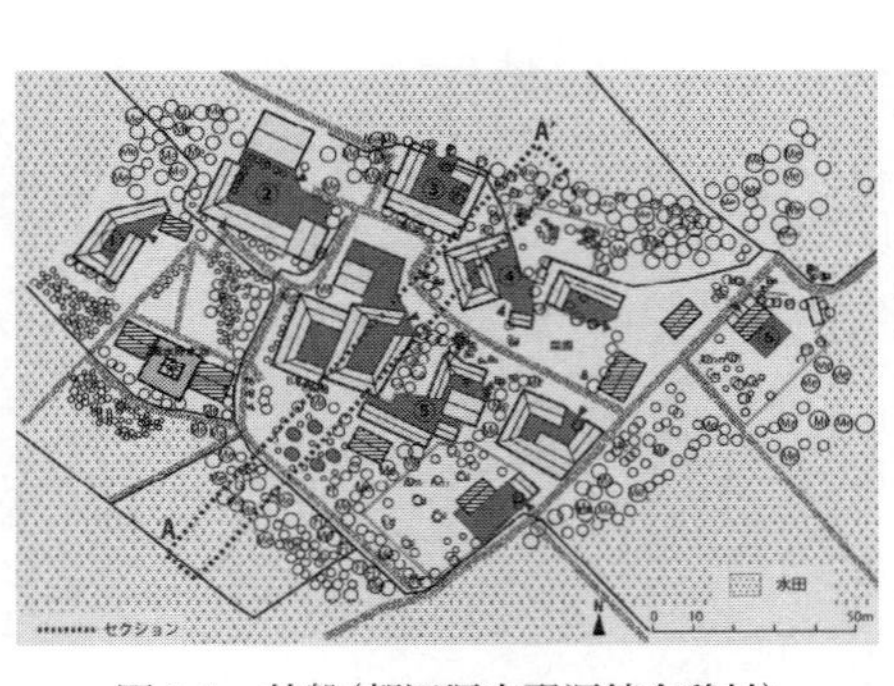

図 1-1　林盤（都江堰市聚源鎮金鶏村）

渠・斗渠・農渠・網渠）がこれを支えている。持続可能であったグリーンインフラとしての要件は、次のようにまとめられる。

①理念が明確。洪水の防止と豊かな農村の構築
②戦略的計画と技術の存在。（広大な成都平原を見据えた計画と古代水利工の技術）
③広域から身近な空間まで階層的な空間構造と制御可能なシステムの存在
④様々なステークホルダーによる維持管理システムの存在
⑤コミュニティが誇りとする、文化的景観への昇華

都市の肺——一七世紀〜

長い中世に別れをつげ、近代への助走を始めたヨーロッパ諸国では、グリーンインフラとして「都市の肺」が誕生した。端緒は一六六六年のロンドン大火後、クリストファー・レンによる復興計画において、稠密（ちゅうみつ）な市街地にオープンスペースが設けられたことであった。都市の不燃化を行うと共に、コレラ・ペスト、結核等から人びとを守り、空気を浄化する「都市の肺」としての公園を創り出す手法は、その後の都市計画に大きな影響を与えた。一七五五年に発生したリスボン大地震では、宰相のセバスティアン・デ・カルヴァーリョが、この手法を復興計

画に取り入れた。

中世の迷路のような都市から脱却し、オープンスペースや公園を計画的に整備する都市づくりの考え方は、大規模な公園を創り出す運動へと展開を遂げていった。ロンドンのリージェントパーク、パリのブローニュの森、ベルリンのティアガルテン、ダブリンのフェニックスパーク（図1-2）等、一〇〇〜九〇〇ヘクタールにのぼる公園が、誕生した。

図1-2　ダブリンのフェニックスパーク(1853年)

コモンズ保存運動——一九世紀中葉

ロンドンでは、一七世紀頃より王室庭園の開放が行われたが、時を同じくして広範なコモンズ保存運動が展開された。イギリスでは、領主のコモンズの囲い込みの権利を認めるマートン法（一二三五年制定)が存在しており、一七二七年から一八四四年にかけてイングランドとウェールズで囲い込まれたコモンズは、二八四万ヘクタールにのぼったと言われている。コモンズの囲い込みに反対する運動は、繰り返し行われたが、一八六四年、ウィンブルドン・コモンの三分の一が売却されるという計画が発表されると、広範な保存運動が起こった。中心となったのは、エヴァズレー卿により設立されたコモンズ保存協会であり、経済学者のジョン・スチュワート・ミル等が主要メンバーであった。一八六六年、首都コモン法が成立した。ロンドン市内のコモンズの囲い込みを差し止める法律であったが、マートン法が存在していたため強制力はなく、コモンごとの市民運動の戦いは熾烈(しれつ)を極めた。

図1-3は、その一つであるハムステッド・ヒースとパーラメント・ヒルの保存の経緯を示したものである。首都圏公共事業委員会(後のロンドン県議会)の買収(一八七一年)に始まり、セントパンクラス教区、ロンドン市慈善事業協会、ハムステッド・ガーデン・サバーヴ・トラスト等、多くのステークホルダーの協働により、保存が実現した。保存区域の面積は、一八五〇年には九七・一ヘクタール、一九一〇年には二四八・五ヘクタール、現在は三一九ヘクタールと増大している。

今日のイギリスの緑地保存の中核を担っている「ナショナル・トラスト」は、コモンズ保存協会で活動を行っていたオクタヴィア・ヒルが、美的、歴史的環境を市民の手で買い取り、保存していくことを目的とし、一八九五年に設立した。背景には、海を隔てたボストンで広域圏パークシステムを創り出すために一八九一年にチャールズ・エリオット等により設立された

図 1–3　ハムステッド・ヒースとパーラメント・ヒルの保存区域(1910 年代)．色の濃い部分が，首都圏公共事業委員会(後のロンドン県議会)が買収し保存したエリア(1871 年)．右下のエリアは，1889〜1907 年にかけて，同委員会，ハムステッド・ガーデン・サバーヴ・トラスト等が保全を行った

「公共保存地トラスティーズ」の影響があった。コモンズ保存の運動は、共鳴をしながら進んでいったのである。

民主主義の庭――一九世紀中葉

封建都市のストックのない新大陸アメリカでは、ニューヨーク市で民主主義の庭として、セントラルパークが誕生した。一八五一年、ニューヨーク市長キングスランドが、市議会に「すべての人びとが楽しむことのできる公園を設置すべきである」という提案を行った。ニューヨーク州議会は、同年七月、公園用地の取得に関する最初の公園法を可決し、候補地の選定が行われた。公園用地の買収価格の公正化を図るため、一八五三年、ニューヨーク州最高裁判所は、土地評価委員会を設置し、この結果、一八五六年、用地買収費として総額五〇六万九六九三ドルが約七五〇〇名にのぼる土地所有者に支払われた。具体的な設計は、公開競技設計によって決定するものとされた。競技設計には三三案の応募があり、第一位案が、都市の真ん中に誰もが自由に利用することのできる「民主主義の庭」を創り出すことを掲げたものであった(図1-4)。設計者は、フレデリック・ロー・オルムステッドとカルヴァート・ヴォーであった。

セントラルパークはグリーンインフラの要件を、どのように満たしているのであろうか。

図1-4　ニューヨーク・セントラルパーク

①理念：「民主主義の庭」
②提案者：ニューヨーク市長
③法：公園法を制定し、政治的に独立した委員会を設立し意思決定の主体とした。買収価格は、州の裁判所が適正化の判断を行った。
④財源：年率五％のセントラルパーク債の発行を行い、あわせて公園整備に伴う受益地の設定を行い、土地買収経費の三二％を受益地に賦課した。
⑤デザイン・技術：公開競技設計を行い、優れたものを選ぶ仕組みを創り出した。導入された技術は最先端であり、立体交差システムの導入は革新的であった。
⑥波及効果：公園の整備により、良好な環境を求めて質の高い住宅の建設が行われるようになり、税収の増加により経済的成功を収めた。

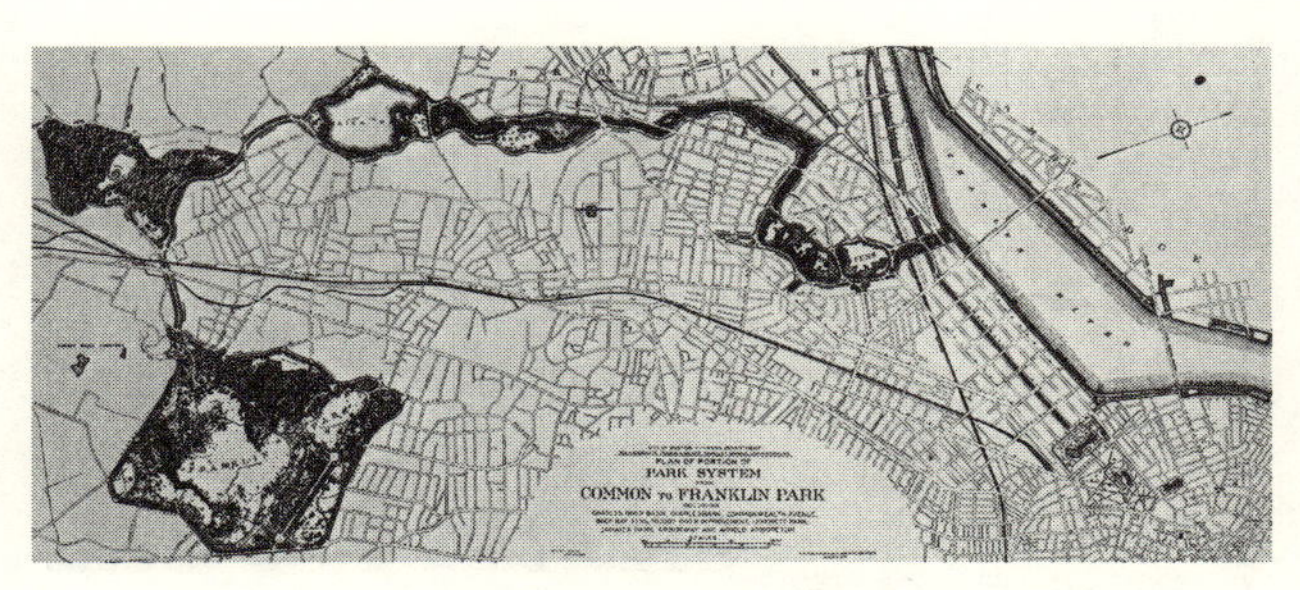

図1–5　ボストン・パークシステム計画図(1894年)

しかしながら、広大な公園を他の目的に転用しようとする動きは、絶え間なく、繰り返されてきた。これに打ち勝ち、当初の理念を継承してきたものが、市民の力であった。

エメラルド・ネックレス――一九世紀中葉～

「民主主義の庭」ニューヨーク・セントラルパークの整備が一八五三年に開始されると、この運動はボストン、シカゴ、ミネアポリスとアメリカの都市に、大きな影響を与えていった。

氷堆丘(ひょうたいきゅう)と湿地のモザイク構造の市街地を有したボストンでは、一六三四年に設けられたコモンを起点とし、並木道・湿地・中小河川をつなぎ、パークシステムが誕生した(図1-5)。氾濫を繰り返していた中小河川を改修し、ハーヴァード大学附属の樹木園と大規模公園とをつなぎ、良好な住宅地整備が行われた。隣接地にはボストン美術館等も立地し、文化の軸として今日に至る。市民は、緑のつながりを「エメラルド・ネックレス」と呼び、市の誇りとしている。経済的価値のなかった湿地を、良好な市街地に転換することにより得られた莫大な開発利益は、図書館、病院、学校等の公共施設の整備に還元され、大きな成功を収めた。パークシステム型都市計画は全米に広がり、日本にも大きな影響を与えることとなった。日本における最初の事例が明治神宮内外苑・連絡道路であり、関東大震災後の帝都復興計画、第二次世界大戦後の戦災復興都市計画事業(名古屋市久屋(ひさや)大通り、仙台市定禅寺(じょうぜんじ)通り)等へと波及した(図1-6、1-7)。

図1-6　名古屋市久屋大通公園．戦災復興土地区画整理事業の名作．市民の庭への原点回帰が求められている

図1-7　仙台市定禅寺通り公園．戦災復興土地区画整理事業によりつくりだされた「杜の都・仙台」を象徴する公園．4列のケヤキ並木を保全

田園都市論と社会的都市——二〇世紀初頭〜

人類がいまだ経験することがなかった巨大都市（メガロポリス）問題への挑戦は、二〇世紀初頭に提案された「田園都市論」から始まった。イギリスの社会改良家エベネザー・ハワードは、一九〇二年、『明日の田園都市』を発表した。彼は、都市の有する娯楽・社交、雇用の機会、高賃金の魅力と、農村の有する自然美・新鮮な空気・低家賃等の魅力は、二者択一のものではなく、両者の利点を兼ね備えた第三の選択肢があると唱え、「都市と田園の幸福な結婚」を目標とした。

彼の提案した田園都市は、人口三万二〇〇〇人、市街地面積四〇〇ヘクタールで、これを取り囲む二〇〇〇ヘクタールの農地から構成されていた。重要な点は、以下の三つの原則が導入されたことであった。

第一に、田園都市の土地は、理想を持つ有志が支払う社債により一括買収され、土地は田園都市株式会社が所有し、地代による収益は、都市全体の運営に還元されるものとした。

第二に、都市を取り囲む農業地帯は会社が所有し、恒久的に維持されるものとした。

第三に、一つの田園都市が計画された人口に達した場合は、少し隔たった所に、第二の田園都市をつくり、高速交通機関で結び、都市圏を構成するものとした。

しかし、彼の理想に添って実現した田園都市は、わずかに二つにとどまった。それでは何故、彼の田園都市論は二〇世紀の古典といわれるのであろうか。

彼の眼差しは、より遠くにあった。ロンドン等の大都市、それを取り囲む大都市圏の未来に挑戦を行ったのである。ハワードの「社会的都市」は、一九二四年に開催されたアムステルダム都市計画会議で、「大都市の無限の膨張は決して望ましいものではない」という宣言に結実し、「地域計画」という、拡大する都市の制御を緑地により戦略的に実施する計画論を生み出した。日本においては、一九三九年に策定された「東京緑地計画」の基礎となった。

荒廃した工業地帯の再生――二〇世紀末

ドイツでは、二〇世紀の石炭産業の衰退により、劣化した都市基盤が更新されず、未処理工業用水による汚染、スラムの増大、都市型水害の頻発等が、大きな問題となっていた。典型的地域が、ルール工業地帯(エムシャー川流域圏)であり、グリーンインフラによる地域再生が行われている。下水道事業の導入、都市型洪水緩和の調節池の整備、河川の多自然化、生物多様性の回復、大学の誘致、芸術・文化・教育活動の展開を柱とする新しい地域再生が行われている

（図1―8）。

地球温暖化への挑戦――二一世紀初頭

ヒマラヤのブータン王国では、地球温暖化に伴い、中腹の村々や都市では、洪水が多発する事態となっている。政府は流域圏計画を作成し（二〇一六年）、流域圏ごとの特性と問題を踏まえたグリーンインフラの社会実装を行っている。典型的事例が首都ティンプーのロイヤルパークの整備である。氾濫原の保全、河畔林の植林、王宮の背後の棚田と山林を保全し、下流地域の市街地の安全性の確保を目的とした。計画にあたっては、政府代表団が東京を訪れ、皇居の杜が文化を守っていることを踏まえて、国王陛下の迅速な判断でロイヤルパークが実現した（図1―9）。

図1-8　ランドシャフトパーク．工場跡地を産業遺産公園として再生した

以上、「社会的共通資本としての緑地」が有する基本的要件について次のように考察した。

図 1–9　ブータン王国ロイヤルパーク．王宮の背後に保全された棚田が広がる（上）．ブータンでは自然と文化が一体になっている（下）

・それぞれの時代や地域が直面する危機に対応した明確な「理念」を有していた。
・実現のための法制度と、それに基づく、戦略的計画が構築されていた。
・財源の調達について様々な創意工夫が行われ、多様な手法が生み出されてきた。
・持続的維持のためのステークホルダーの役割分担が社会的に形成されてきた。

それでは、日本における「社会的共通資本としての緑地」は、どのようにして形成されたのであろうか。東京を事例として、次章で考察する。

第二章

林泉都市・東京の歴史的パースペクティヴ

皇居の杜

1　東京の基層としての「林泉都市」

東京は、その中心に「いのちの杜」を有する世界でも稀な都市である。東京が、ひたすら近代化の道を突き進むことが可能であったのは、武蔵野台地の自然環境を尊重し、長い農耕社会の中で形成されてきた持続可能な土地利用システムとこれを踏まえた「林泉都市」が存在していたからに他ならない。

武蔵野台地は、多摩川が青梅附近を扇頂とする扇状地を形成した地域に発達したものであり、その上に関東ローム層が数メートルから十数メートルの厚みをもって堆積している。最も低い段丘は立川段丘、それよりも一段高い段丘を武蔵野段丘、下末吉段丘と呼ぶ。段丘崖が発達しており、台地の末端の湧水地を水源とする神田川、善福寺川、渋谷川、目黒川などの中小河川により開析が進み、台地上は畑地や居住地、谷底部は水田として発達してきた。台地と谷底平野の境界に存在するのが崖線であり、今日なお斜面緑地として残存し、「都市の襞」として豊かな自然環境を提供している(図2-1)。

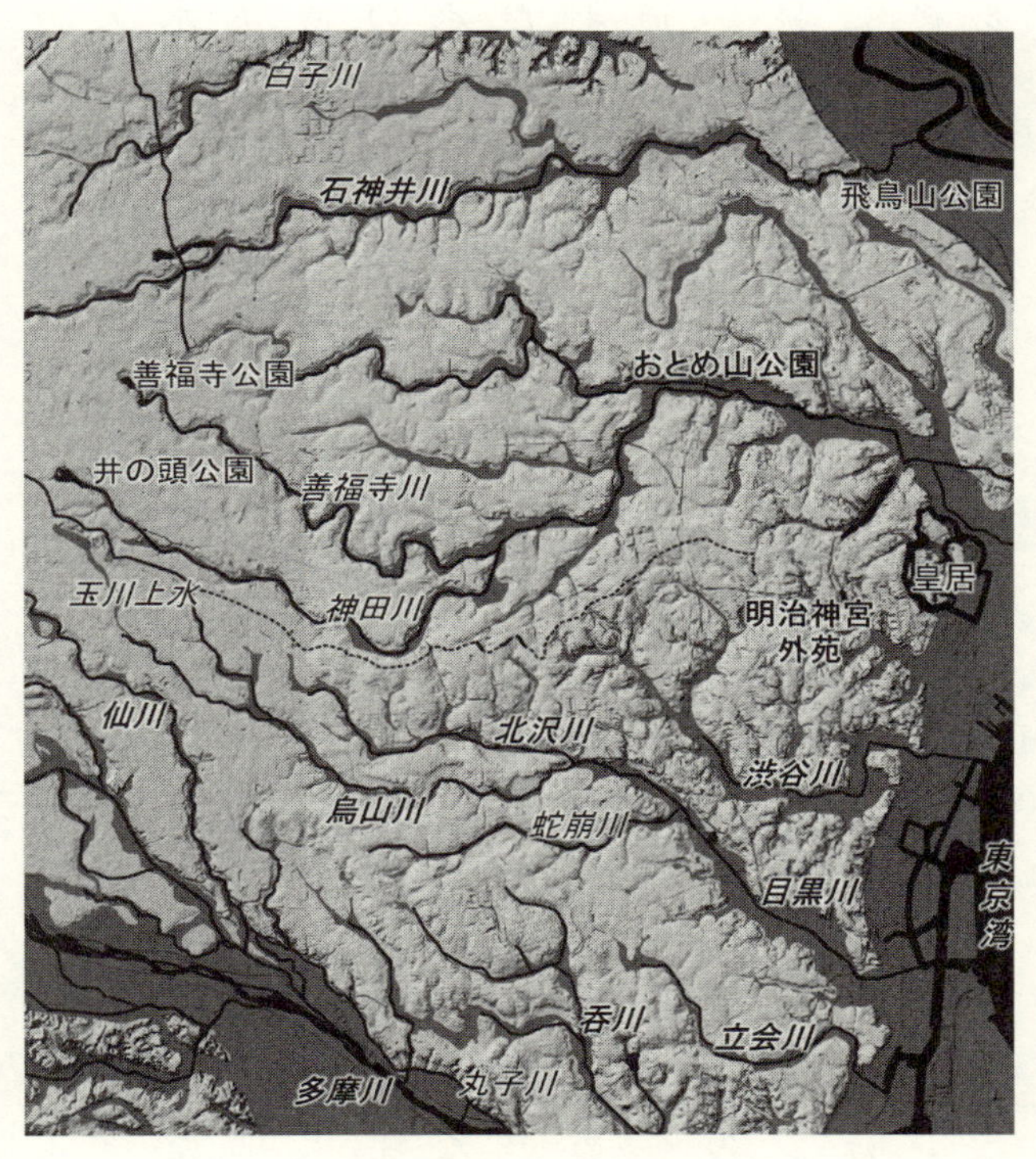

図 2-1　都市の襞．神田川・善福寺川・目黒川等の中小河川により，武蔵野台地が開析され，段丘崖が都市の襞のように巡っている東京の構造．谷戸頭（やとがしら）には湧水があり，人びとの信仰の対象だった

江戸期にすでに一〇〇万人を擁した都市の成立には、飲料水としての玉川上水の開削が不可欠の要因であった。玉川上水は、多摩の羽村から四谷大木戸まで、全長四三キロメートルの用水路であり、玉川兄弟により、一六五三年四月に開削が開始された。この区間の標高差は、わずかに九二・三メートルであり、工事は困難を極めた。武蔵野台地の尾根筋に沿って、流路を慎重に定め、わずか七カ月後の一六五三年一一月に、羽村・四谷大木戸間が開通した。江戸期の土木技術の高さは驚嘆に値する。その後、新田開発により、福生分水、野火止用水、千川上水など、多くの分水が整備され、江戸を支える農村地域の基礎となった。また、飲料水としてだけではなく、大小の庭園にも通水され、林泉都市・江戸の文化の基盤を提供した。現在でも、羽村取水堰から小平監視所までの区間は、多摩川からの取水のために使われており、東京の水道水の約三分の一の原水が、この区間から提供されている。

諸外国の大都市と東京の決定的相違は、東京の都市構造が都市の襞により形成されてきた林泉と湧水、小河川や下町の水路網に支えられてきたことにある。これを象徴するものが、中心に存在するヴォイドとしての皇居の杜である。大小三〇〇にものぼった大名庭園は、明治維新後の桑茶政策により蒼茫に帰したが、公園、公共施設、軍事施設、物流拠点、学校、病院等に変貌を遂げ、近代都市への転換を底辺から支えてきた。特別名勝として保存されてきた庭園は、池泉回遊式庭園の小石川後楽園、柳沢吉保が営んだ六義園、潮入の池である浜離宮恩賜庭園、江戸の園芸文化を今日に伝える庶民がつくった向島百花園等、多彩である。

また、地震のたびに大火に見舞われていた江戸には、大規模な火除け地があり(護持院原等)、物流を支えた下町の水路網沿いには、荷上場・広場などとして都市を支えた「河岸地」が公儀地面として存在した。河岸地は、魚河岸・大根河岸・白魚河岸・竹河岸等、そこで取り扱う商品ごとに特化しており、江戸末期には四九カ所、明治には六一カ所と増大したが、関東大震災を境とし、舟運の衰退に伴い激減した。一九六〇年代には、都の財政難のために売り払われ、貴重な川沿いのオープンスペースは絶滅の一途をたどってきた。

本章では、江戸が終焉し、日本が近代化の道を歩み始めた時、これらの資産は、いかにしてその持続性が担保されたのか、あるいは歴史の波間に消えていったのか、林泉都市の消長を考察し、東京の基層を明らかにする。

2　太政官布達による「公園」の誕生

「公園」という用語は、近代が生み出したものである。その初出は、一八七三年一月一五日に発せられた太政官布達であり、次のように記載されている。

「三府を始、人民輻輳の地にして古来の勝区名人の旧跡等是迄群集遊観の場所、東京に於いては金龍山浅草寺、東叡山寛永寺境内の類（略）総て社寺境内除地或いは公有地の類、従前高外除地に属せる分は永く万人偕楽の地とし公園と可被相定に付き、府県に於いて右地所を択び、その景況巨細取調、図面相添え大蔵省へ可伺出事」

この布達の意味するところは、東京・京都・大阪をはじめ、全国で古くから親しまれてきた「群集遊観の場所」を「公園」とするので、府県では自ら候補地をえらび、景況を調べ、図面を添えて大蔵省に伺い出るようにとしたものである。全国の最も古い公園は、この布達により開設された。

この布達には、自然環境と人間の相互作用により、歴史的に形成されてきた日本独特の社会的共通資本の特色が、適確に凝縮されている。すなわち、何処を「公園」とするかは、それぞれの都市の主体性に任されたのであり、自己責任において詳細な調査を行い、図面を揃えて、大蔵省に申し出ることとされた。明治政府が上から押しつけたものではなく、それぞれの都市の意志決定に任せたものであった点が重要である。したがって、自ら選定した「公園」については、自己責任で整備・経営を行っていくこととされたのである。

太政官布達の内容を社会的共通資本の構造と対比させると、次の通りとなる。
①理念：古来の勝区、旧跡などを「永く万人偕楽の地」としたこと。
②提案者：候補地の選定は、府県の意志に委ねるものとしたこと。
③法：太政官布達（日本において、公園の永続性を担保する「都市公園法」の成立は、一九五六年であり、太政官布達以降、八三年の歳月を要した）
④財源：財源確保は、それぞれの自治体の裁量に委ねられた。この財源を何処に求めるかにより、太政官布達公園の永続性の命運は、明暗を分けることとなった。
⑤デザイン・技術：古くからの社寺境内地が対象となり、また、水戸の偕楽園、高松の栗林公園等、優れた日本庭園が選ばれたため、新しいデザイン・技術は、日比谷公園など、近代都市の形成の過程で誕生することとなった。
⑥波及効果：日本においては、それぞれの都市の誇りとなる「文化的遺産」が選ばれ、今日に継承されてきたことが、大きな特色である。
ここで、永続性を担保する必須の要件が、「財源」である。都市の誇りとなる社会的共通資本としての公園の経営と維持管理の費用を、誰がどのようにして支払うのかという問題である。これは古くて新しい問題であり、今日の神宮外苑再開発問題にも通じるものがある。太政官

布達公園が、財源問題により明暗を分けた事例として、東京の浅草公園について述べる。

東京府は、太政官布達が発せられると、上野・浅草・芝・飛鳥山・深川を公園候補地として申し出た。一八七一年に発せられた社寺境内地上地令により、これらの土地は官有地になっていたが、問題は、公園経営の財源を何処に求めるかにあった。東京府は、この問題に対して、布達が発せられた直後、営繕会議所に諮問を行っている（一八七三年二月二七日）。

「その装置外国人にも恥じざる様に致したく、その補修の人費、出銀を始め、後来永続の方法等取り調べ、至急見込み申し出候様、御差図に候条、此旨御達にをよび候也」

東京府が公園経営の方法を諮問した会議所とは、一七九二（寛政四）年に時の老中松平定信が、江戸の改革を目指して実施した七分金制度をつかさどった町会所の後身である。一八七二（明治五）年、これはそのまま東京府民に引き継がれ、営繕会議所と改称された。保有していた資金は七〇万両といわれ、府下の道路・橋梁・墓地・銀座煉瓦街（れんががい）・養育院・瓦斯燈（ガスとう）の建設等に資金を提供した。

営繕会議所の回答は、公園の半分を公園地として整備し、残りの半分は免税地として貸出し、家屋税、地代を集め、公園経営に充当することが望ましいとするものであった（一八七三年三月一三日）。これを踏まえて、東京府は浅草寺の門前町として賑わっていた浅草公園に焦点をあて、仲見世を二階建ての煉瓦家屋として刷新し、時代の先端となる娯楽センターへの転換を行った。

一八八九年から一八九八年にかけての浅草公園からの収入は、二四万八四五九円、この内、浅草公園に対する支出は、六万一二一四円で、残りは府下の公園の経営、及び将来の積立金となった。しかしながら、古くからの寺領をすべて上地させられた浅草寺の困窮は深刻であり、一八九九年に公布された国有土地森林原野下戻法（こくゆうとちしんりんげんやしたもどしほう）にもとづき、下戻の申請を行った。裁判では寺側の勝訴となったが、同法では公用を廃止した後でなければ、私権の行使を行うことはできないと規定されていたため、浅草公園は、終戦まで存続することとなった。

戦後、政教分離政策により、宗教的空間と都市公園は別々の道を歩むこととなった。寺側は戦災により本堂等すべて焼失しており、所有地の売却により資金を得る以外にはないとし、全域を東京市に買い入れてもらうか、正当な地代を払ってもらう以外に存続させていく道はないと判断したが、戦後の財政難の中で、ついに資金が手当てされることはなかった。一九五一年、都は浅草公園の公用を廃止し、寺の自由な処分に任せる決定を下した。こうして浅草公園は消滅したのである。浅草に生まれ、浅草をこよなく愛した造園史家、前島康彦は次のように記している。

「昔なつかしい六区前の大池が埋め立てられて映画館街となったのはそれから間もなくのことであった。(浅草公園は)東京都の都市公園の発達を促し、また、そのための犠牲になった悲劇の公園であったともいえるのである」

この浅草公園の悲劇は、現在、進められている神宮内苑の護持のために、外苑に高層ビルを建設し再開発を行うとする論理と通底するものがある。歴史は繰り返されるのであろうか。

3 林泉都市の消長

太政官布達の発せられた年は、一八七三(明治六)年であり、東京は近代化へ船出をする前夜であった。抜本的な市区改正(今日の都市計画に相当)は、一八八八年八月一六日公布の「東京市区改正条例」により、街路・上下水道・都市施設・公園の整備から開始された。翌年、一八八九年二月一一日には「大日本帝国憲法」が公布された。

この間に、東京は激動の時代に遭遇していた。このダイナミズムを伝える図面が残されている。一八七二年より測量が開始され、一八八六〜八七年にかけて出版された参謀本部陸軍部測量局による「五千分一東京図測量原図」(全三六面)である。フランス渲彩(せんさい)図式でかかれていて、土地利用の詳細がやわらかな色調のカラーで描かれている。なかでも、松、桜、樫、桑、茶など樹種までが明示されており、一服の物語を読むような、芸術作品ともいえる図面である。本章では、この一八八七年の図面を、一八五九(安政六)年、そして現代と対比させ、江戸・東京四百年の林泉都市の消長を俯瞰する。もとより、全体に迫る詳細なものではなく、典型的事例を抽出し述べる。

江戸・東京四百年で継承されてきたもの

図2-2は、「五千分一東京図測量原図」の皇居を中心とするエリアである。図の中央が皇居であり、吹上御苑は、今日なお、武蔵野の雑木林を活かした明るい杜として継承されている。上皇后美智子さまは、かつて次のような歌を詠まれている。

　ひとところ狭霧流るる静けさに夕すげは梅雨の季を咲きつぐ

内濠南端の西の丸エリアは、皇宮地附属地と記載されており、戦後、皇居外苑として開放された。日比谷濠をはさんで南側は広大な陸軍練兵場であり、後に、その一部が日比谷公園となった。皇居を中心とするエリアでは手厚く歴史・文化・自然環境が護られ、今日に継承されているのは、一九四六年に東京復興都市計画緑地として告示、一九五七年「東京都市計画公園中

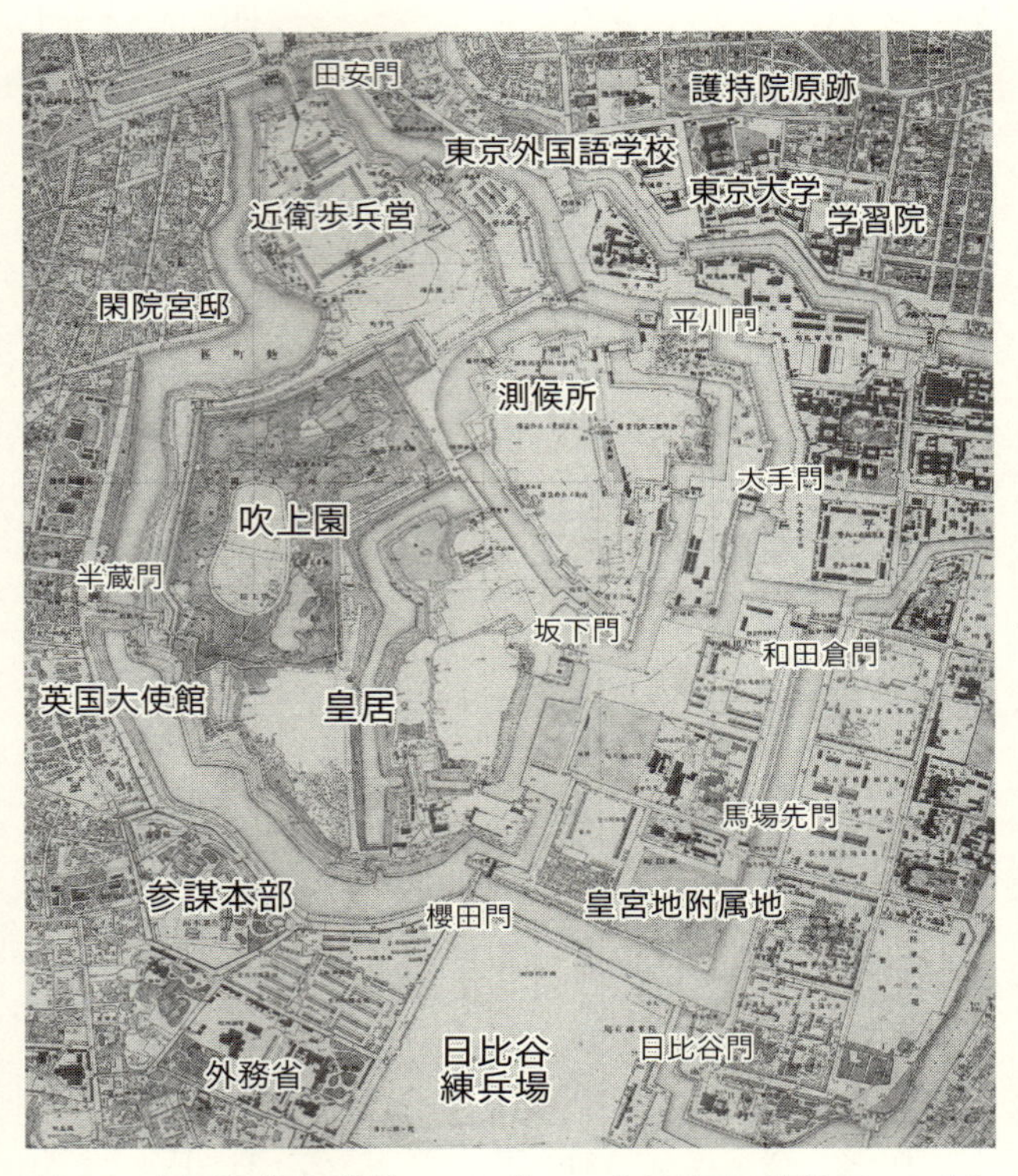

図 2-2　皇居及び周辺地域の 5000 分の 1 東京測量図(明治 10〜20 年)

図 2-3　左は，皇居東御苑に再生された武蔵野の雑木林．右は，皇居外苑「白砂青松」の美学

央公園」として都市計画決定されたことにより、持続的に整備が行われてきたためである。

一方、皇居周辺のエリアは、近代化の波の前に、激動の時代を迎えることとなった。霞が関の丘には、すでに中央官衙(かんが)計画にもとづき、参謀本部が立ち上がっており、後に国会議事堂となった。三菱のオフィス街となったエリアには陸軍の諸施設、練兵場があり、一八九〇(明治二三)年、三菱が陸軍より払い下げをうけ、一丁ロンドンと呼ばれた近代オフィス街へと変貌を遂げていった。半蔵門エリアには、英国大使館が位置し、お濠(ほり)沿いに四列、道路を挟んでさらに四列の堂々たる桜並木が整備された。千鳥ケ淵から九段坂にかけても桜が植樹され、閑院宮(かんいんのみや)邸は、千鳥ケ淵戦没者墓苑に、山縣有朋邸は、戦後、農水省会議所となったが、庭園は公開されている。

皇居周辺のエリアが都市計画公園中央公園として指定されることにより、緑地の整備がすすめられていったのに対して(図 2-3)、跡形もなく消え去った地域がある。護持院原と呼ばれた江戸の火除け地で、内濠沿いの神田橋から雉子橋にかけての広大な地であった。一八八六(明治一九)年の図面では、学習院・東京大学・東京外国語大学が位置しており、神保町付近に、護持院原の最後のエリアが描かれている。

護持院原とは、将軍綱吉の帰依をうけた隆光の建立した護持院の境内で七万坪の広さを有したが、一七一七(享保二)年の大火で焼失し、全域を火除け地とした。

図2-4は、護持院原の風景を安藤広重が描いたものであり、遥かに江戸城をのぞみ、茶屋などもあり、人びとの散策の場所であった。この貴重なオープンスペースは、一八八九年から開始された東京市区改正設計の中では、全く取り上げられることはなく、法的な対策が取り入れられなかったため、現在は、神田警察署の隣接地に石碑のみが残っている。近年、神田警察通りのイチョウ並木の強制伐採が、千代田区により行われており、住民が寝ずの番をしている。造園史家の前島康彦は、護持院原が市区改正で検討されなかったことは、明らかに「市区改正の失敗」であったと述べている。

図2-4　安藤広重「江戸土産・護持院原－上」(提供：中央区立京橋図書館)

図2-5上の右側に広がる庭園は、潮入の池で名高い浜離宮恩賜庭園である。御料地として保全され、一九四五年一一月、東京都に下賜された。一九四七年一二月には、史蹟名勝天然紀念物保存法による特別名勝及び史跡となり、手厚く保護されてきた。

図2-5　上は浜離宮恩賜庭園．下は築地市場跡地(浴恩園跡，国立国会図書館デジタルアーカイブ)

一方、図2-5下は、築地市場跡地である。市場跡地に眠るのが、松平定信の天下の名園「浴恩園」である。春風の池・秋風の池の遺構も残されており、再開発が進む中で、いかに保全を行っていくかが、現在、大きな課題となっている。

4　東京市区改正設計における公園

太政官布達後、東京では、市区改正審査会において、近代都市にふさわしい公園整備の審議が行われた。その中心を担った人物が、長与専斎(ながよせんさい)であり、岩倉使節団の一員としてニューヨークのセントラルパークを訪れ、稠密(ちゅうみつ)な市街地に「都市の肺」をつくる重要性を学び、「衛生」という新しい概念を導入し、近代の公園を創り出した。

東京市区改正審査会は、芳川顕正(内務少輔・東京府知事を兼任)を会長とし、一八名の委員により構成され、一八八五年二月より一三回の審議を行い、同年一〇月、案をまとめ、内務卿に答申を行った。公園についての審議は同年四月であり、長与専斎は、次のように述べた。

「人口稠密の都府に園林及び空地を要するは、(略)衛生上より論ずれば、街区相連り(略)、開豁(かいかつ)清潔の場所あるに非ざれば(略)有害の悪気市区に沈滞して病夭の煤を為し其浄除揮散を求むるも得可からず。是家に庭なく、室に窓ゆうなきに同じく、亦身体に肺臓を欠くに異ならざるなり」

長与は、衛生の観点から「都市の肺」として公園が必要であると述べた。長与は欧米の事例を示し、東京における公園の必要量を一二四万九五三坪(約四一〇ヘクタール)、一人あたり一・四坪(四・六二平方メートル)と算出した。一四〇年の歳月が流れ、東京二三区の公園面積は、まだ、この水準に到達していない。図2-6は、岩倉使節団が、ニューヨーク市長から献上されたセントラルパークの年次報告書である。「中央遊歩場」と記載されており、公園という用語は定着していなかったことがわかる。東京市区改正条例が公布されたのは、一八八八年八月一六日、翌五月二〇日、「東京市区改正計画」が公示され、「東京市区改正設計ノ内、道路河川橋梁鉄道公園魚市場青物市場獣畜市場屠場火葬場墓地ノ部」として、公園については四九カ所、約三三〇ヘクタールが決定された。太政官布達公園に加えて、都心の中央公園として日比谷公園、高輪に海岸公園、三六カ所の小公園が計画された。

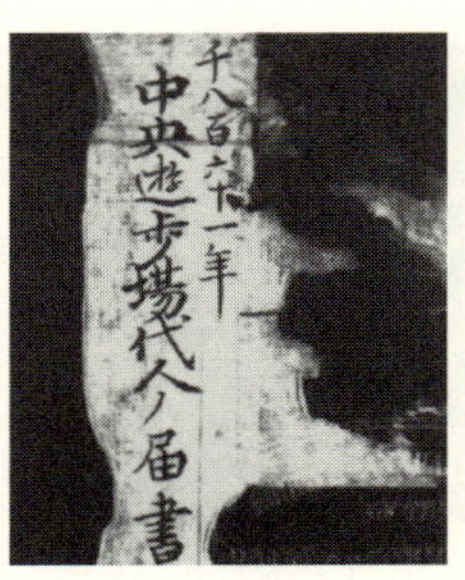

図2-6　中央遊歩場代人の届書

市区改正計画の公示後、同七月二日、開園したのが日本橋の坂本町公園である。面積は六二七〇平方メートル、日本で初めての市街地の小公園であった。この公園は、坂本町避病院(伝染病病院)を取り壊し建設された。阪本小学校に隣し芝生広場にはエンジュが植栽された。関東大震災で壊滅し、第二次世界大戦で再び焦土と化し再建されたが、小学校の建て

図2–7　再生された日本橋兜町・茅場町の坂本町公園（2022年）

図2–8　イベント広場となった日比谷公園の第二花壇（2025年2月）

替えに伴い三度取り壊された。子どもたちや地域の町会の皆さんの創意工夫で二〇二一年、再び蘇った（図2-7）。

　日本初の中央公園である日比谷公園は、日比谷練兵場跡に新設された。開園は、一九〇三（明治三六）年六月一日であり、一四年の歳月を要した。仮開園当日の様子は、大新聞が、こぞってトップ記事として掲載した。「午後二時より諸人の入園をゆるしたるが右定刻前より各門外に群集したる男女は一時に四方よりこみ入りて殆ど往来も叶わぬ程なりき」（東京日日新聞）。

　音楽堂、松本楼が整備され、大正年間には、末田ますにより児童遊園における指導が開始され、爾来、一世紀、都市の緑のオアシスとして憩いの場を提供してきた。二〇二一年、再整備計画が決定され、歴史を刻んできた樹木や花壇が取り除かれ、イベント広場となった(図2-8)。隣接する超高層ビルから歩道橋を二基、日比谷公園に向けて建設する計画が進んでいる。

5　幻の日本大博覧会

東京市区改正事業は、日清戦争の勃発による財政難から遅々として進まなかった。小公園としては、坂本町公園のほかには、清水谷(しみずだに)公園(千代田区)、湯島公園(文京区)、白山(はくさん)公園(文京区)が開設されたが、大公園としては、日比谷公園が唯一の成果であった。計画案は、次第に縮小され、一九〇三年に公示された市区改正新設計では、一八八九年に決定された四九公園、三三〇ヘクタールのうち、二七カ所が削除され、二二公園、二二〇ヘクタールとなった。

このような中で、一九〇五年、日露戦争の勝利に伴い、博覧会を開催する機運が生じ、内国勧業博覧会と万国博覧会の双方を兼ねた日本大博覧会を、一九一二年に開催することが決定された。

会場は、青山練兵場を第一会場とし、代々木御料地に第二会場を設け、両者の間に連絡道路を設けることが決定された。一九〇七年一二月には、博覧会終了後、青山練兵場に関しては、東京市の公園とすることで、政府と東京市の間で合意が成立した。しかしながら、講和会議におけるポーツマス条約により、ロシアからの賠償金はゼロとなった。このため、財政難から博覧会の開催は、明治天皇在位五〇年を記念するものへと延期された。

当時、人びとの万国博覧会に対する思いは格別のものがあった。一八六七(慶應三)年、徳川家の民部大輔昭武(一橋家)の遣欧使節団の随員であった渋沢篤太夫(後の渋沢栄一)は、第一回万国博覧会後に、ロンドンのハイドパークから、郊外のシデナムの丘に移設されたクリスタル・パレスを見学し、次のように述べ、各国の宮殿の模様、娯楽場、華麗な飛泉に驚嘆したと記載している(図2-9)。

図 2-9　ロンドン万国博覧会

「十一月十三日(慶應三年)倫敦より汽車にて約一時間計りのキリストトル・パレス(原文のまま)といふ処に赴き、瑠璃にて作り立てる巨星を見る。このキリストトル・パレスは、先年此地にて催せし博覧会の跡地を種々修飾して士民遊観の場となしたるものなり」

二つの会場をつなぐ連絡道路は、日本大博覧会事務局において「必要な民有地を買収し一部御料地を借用して」準備が進められていた。後にこの連絡道路は「裏参道」と命名され、二〇世紀の日本の都市計画を牽引していく「パークシステム」(公園と公園を並木道でつなぐ最先端の都市デザイン)の先駆けとなった。

6　世紀のプロジェクトの始動

一九一二(明治四五)年七月三〇日、明治天皇が崩御された。時代は大きく転換していくこととなった。東京においては、四谷・芝・本所・小石川・麴町・神田・牛込・浅草の区会は、速やかに連合協議会を招集し、御陵墓を東京にという要望を取りまとめ、時の市長、阪谷芳郎より宮内庁に願い出た。同年八月一日には、東京商工会議所(初代会頭・渋沢栄一)に、実業家が集まり、同様の請願を行ったが、すでに明治天皇の御遺志により、御陵墓は伏見桃山に内定していることが明らかになった。しかしながら、「林泉の美自ら備わる地域」を選び、神宮を創建したいという思いは深く、東京商工会議所に、実業家有志、政府関係者、衆議院議員、東京市及び東京府の名誉職などが集まり、十余日協議を重ねた。これが、世紀のプロジェクトである神宮内外苑を創り出す原点となった。基本方針は、次の通りであった。

図 2-10　青山練兵場における明治天皇の大葬(出所：学習院大学史料館編『写真集　大正の記憶』)

「神宮は内苑外苑の地域を定め、内苑は国費を以て、外苑は献費を以て御造営の事に定められ度候」

明治天皇の大葬儀は、一九一二(大正元)年九月一三日、青山練兵場、葬場殿(そうじょうでん)において行われた(図2-10)。式典は古式を復活して神式で行われた。葬列は大真榊(おおまさかき)を掲げ、楽師、侍従、軍人に守られ、二〇時に馬場先門を出発。月明かりの中、二三時頃に青山葬場殿に到着した。儀式が執り行われた後、午前二時に、仮停車場から列車で京都桃山御陵に向かった。大葬儀の挙行により、この地は、殯(もがり)と鎮魂の場となり、練兵場という「空間」から、近代化の礎石として転換を遂げていくこととなった。

第三章

歴史の重層する杜

――明治神宮内苑

神代(かみよ)よりのモミノキと井伊家林泉を継承した「御苑」

1　井伊家下屋敷・共楽の林泉

鎮座地の選定

一九一三(大正二)年三月二六日、衆議院本院において、明治神宮建設に関する建議が議決され、内閣総理大臣山本権兵衛に送付された。明治天皇の御一年祭終了後、同年一二月二〇日、勅令第三〇八号を以て神社奉祀調査会官制が公布された。翌一九一四年四月には、昭憲皇太后が崩御され、合祀されることとなり、大葬儀は代々木練兵場で行われた。

神社奉祀調査会とは、神宮創設に向け、祭神名・社名・社格・鎮座地・社殿・境内・外苑・参道・造営費等の調査を行う機関であり、一九一三年一二月から翌年四月まで、集中的に審議を行い、同一〇月には地鎮祭を行った。調査会会長には原敬(一九一四年四月まで)、ついで大隈重信(一九一五年一月まで)、大浦兼武(一九一五年四月まで)、委員は徳川家達、渋沢栄一、福羽逸人、阪谷芳郎、井上友一、伊東忠太、川瀬善太郎、本多静六等が名を連ねた。あわせて特別委員が任命された。委員長は阪谷芳郎、委員は井上友一、伊東忠太等、嘱託として佐野利器、原煕等であった。調査会の役割で最も重要であったのが、鎮座地の選定であった。一般には、東京商工会議所が提案した覚書にそって決定されたと理解されているが、実際には、全国から多数の申し出があった。最も多かったのは富士山で二二の町村長からの要望が寄せられた。筑波山(茨城県)、国府台(こうのだい)(千葉県)、宝登山(ほど)(埼玉県)、朝日山(埼玉県)、箱根山(神奈川県)、国見山(茨城県)、東京では御嶽山(みたけ)、陸軍戸山学校、小石川植物園、白金火薬庫跡、和田堀等、数多くあり、調査会は慎重な検討を開始した。この結果、明治天皇との御縁故が最も深い東京府下とすることに決定され、綿密な実地調査を踏まえて、審査が行われた。

(一)陸軍戸山学校

元尾張藩の下屋敷で、天下の名園「戸山荘」があった地であり、「三百年来の老杉、古檜、天を衝(つ)き、内に源泉を湛(たた)え、蒼古幽邃(そうこゆうすい)の趣あり」と記されている。しかし、地形の起伏がおびただしく、平地が少なく土木工事に多額の費用を要するため、実施は困難と判断された。

(二)白金火薬庫跡

白金長者と呼ばれる豪族が屋敷を構えていた地で、土塁が残されており、中央に沼がある。明治維新後、陸海軍の火薬庫として使用されるようになった。立ち入りが禁止されたため、樹木が多数生育していたが、敷地は七万六四一七坪(約二五ヘクタール)と狭く、不適と判断された。樹木総数は一万一千九百余本であり、神宮の造営にあたっては、帝室林野管理局より譲渡を受け、五七一本が移植された。現在、白金自然教育園として公開されている。

(三)青山練兵場

面積一五万七〇〇〇坪(約五二ヘクタール)で、日本大博覧会中止後、内務省の所管となっていた。しかし、練兵場であったため、土地が平坦で風致に乏しく、粘土を多量に含有するため、森林を構成することは困難であり、「神宮建設地として最大要因を欠く」と判断された。

(四)南豊島御料地

面積二〇万六九一九坪(約六八ヘクタール)、この内、井伊家より継承された御苑は四万六八五二坪(約一五・五ヘクタール)であり、日本大博覧会用地に貸し付けていた部分は、一五万坪(約四九・五ヘクタール)であった。共に世伝御料地であり、次のように述べられている。

「東京近郊において最も広闊幽邃(こうかつゆうすい)の地にして土地に高低変化あり、而も御苑林泉の美は自ら神域たるに適し、その位置市街に接し、交通の便ある上、付近に民家少なく塵寰(じんかん)を隔てて、全く別天地たるの観あり。而して樹木は径一尺前後の松多きが故に、風致に利用し得ると共に、土性樹木の生育に適するを以て、植樹をなし、適当なる林苑の経営を行うにおいては、優に森厳なる境内となすを得べし」(『明治神宮造営誌』)

北方に民家、東方に鉄道、西方にガスタンク等があるが、樹木を以て遮断することにより、煤煙の害を防止し、風致を維持し火災の憂いを除くことができること、世伝御料地の永久使用を受け、土地を買収する必要がないこと等が要因となり、南豊島御料地が神社建設地として内定した。このように、神宮内苑は、現在語られているような不毛の地に杜を創り出したのではなく、「広闊幽邃の地」であったことから、鎮座地となった。神社奉祀調査会は二〇回の審議を行い、一九一五(大正四)年三月四日、その役割を終えた。

井伊家下屋敷林泉・庶民に開放された共楽の地

それでは、井伊家下屋敷の林泉とは、どのようなものだったのだろうか。図3-1は、明治神宮所蔵の千田ケ谷御屋敷の古図であり、図中の文字は、判読可能とするため、筆者が書き添えた。南端に御泉水(ごせんすい)があり、この右手には、代々木の地の由来となった巨大なモミノキが、当時の古図としてはめずらしく、イラスト風に描かれている。御泉水は、林泉の最も重要なものであり、不老不死の仙人が住むユートピア思想の源流となるものである。この御泉水の東部に御殿と萩(はぎ)の御茶屋があり、その前面には芝生が広がっている。雑木林と記載された明るい杜が連続しており、御泉水の西部には、向御殿と一面芝生で覆われた大瓜山があった。谷津田(やつだ)が細

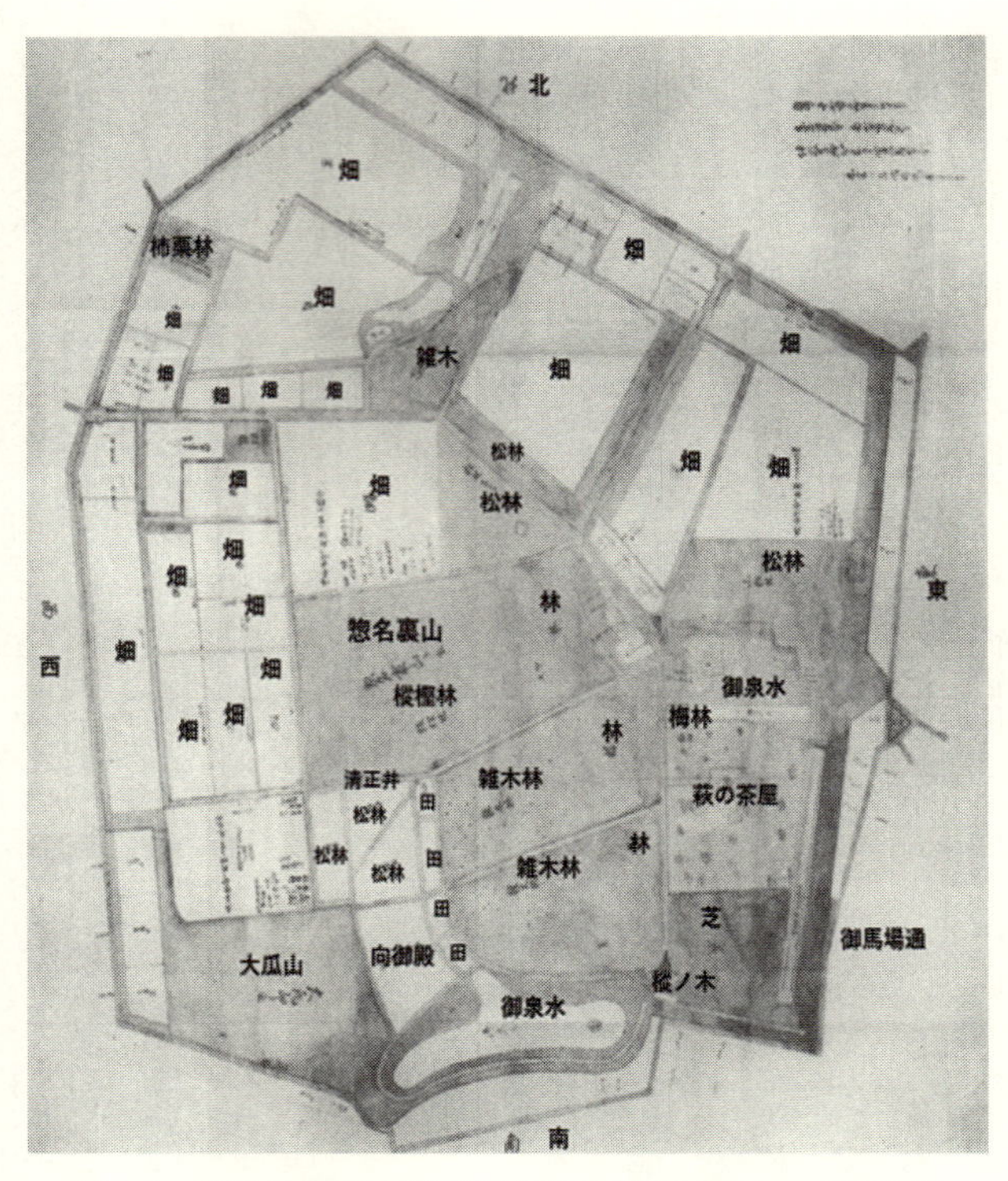

図 3–1　千田ケ谷御屋敷図(井伊家下屋敷)(図内の文字は筆者記入)

長く貫入しており（図3−1の「田」）、当時は水田として使われていた。最奥部の清正井の背後は、現在の御社殿の杜である。図面では「惣名裏山」「樅樫林」と記載されており、不毛の原野ではなかったことがわかる。現在の宝物殿前の芝生広場のエリア、及び現在の苗圃のエリアは、広大な畑となっており、果樹園として柿栗林もみられ、燃料用とみられる雑木、松林が分布している。現在、このエリアには、内苑で唯一の竹林があり、戦前までは、皇室用の筍が献上されていたと記録されている。武蔵野の杜の四季折々の風物を、土地利用の中から読み取ることができる。現在の北参道入口付近から山手線に沿って、延長一八〇間（約三二七メートル）の馬場が走っている。北参道入口には、現在でも、雌雄一対の大銀杏が現存している。井伊家下屋敷については、江戸期の紀行文として知られている十方庵大浄敬順の『遊歴雑記』（文化一二年）に、「代々木下屋敷井伊家の大樅」として、次のように記載されている。

「此屋敷八町四方に過たり、坪数十八万四千二百八十余坪といえり、広き事推察すべし、此のやしき内には今稀代の大樹の樅の木（モミノキ）あり。枝四方へはびこる事五十余間（約九〇メートル）、第一の枝は、地上より二丈余（約六メートル）も離れて高きも、枝の穂先は低くして地上に這これにて（略）次第して頂上に登るに心やすし（略）神代よりの古木とやいわん、如何ばかりの年代をか経たりけん（略）此樹の根の空の中に水二、三升づつ常にたたえたれば、樅の樹

図 3–2　南湖公園　白河

を見物にまかる徒は竹筒にくみ入れて帰宅す」

屋敷の面積は約六〇・九ヘクタールあり、巨大なモミノキの古木があったと記載されている。このモミノキの根元の空（うろ）に、いつも水がたたえてあり、人びとは、竹筒に汲み入れ帰宅したと、林泉が公開されていたことを描写している。さらに、当時の武蔵野の風情、なだらかな起伏の丘が続いている様子が、手に取るように記されている。

「梅園有さくらの林あり、往古の松並木も今現在して馬場の如し、また萩見の亭、朝顔の楼、それぞれに二階に作れる亭あり（略）野あり山あり百草生じ百菓熟す、取分萩の頃は実に広野に遊ぶが如く（略）波濤に似たる山々には、もろもろの菌生じて茸狩するに佳興あり、左はいえ外々の別荘のごとく、泉水を構え樹を植込石をならべて、態々摸様をほどこし処ひとつもなく」

梅・桜・萩の見物、キノコ狩り等、多くの人びとが訪れていた。このように井伊家下屋敷は、モミノキの見物や武蔵野の四季折々の自然を楽しむことのできる「共楽の地」であった。紀行文を著した十方庵大浄敬順は、江戸小日向(こびなた)・廓然寺(かくねん)の住職で、小日向から屋敷までは「二里半もあらんかし」(約一〇キロメートル)とし、見物することを勧めている。モミノキの傍に農家が一二軒あり、井伊家の足軽として取り立てられ、モミノキを護っていた。

江戸期には、徳川吉宗が御殿山や飛鳥山に桜の名所をつくり、中野に桃園を設け、庶民が楽しむ行楽の場を設けていた。これは、江戸に限ったものではなく、水戸の偕楽園、仙台の榴ケ岡(つつじがおか)等、全国に及んでいる。奥州の白河では、松平定信が、一八〇一(享和元)年、身分の差を超えて「士民共楽」の場となる「南湖(なんこ)」を創り出した(図3-2)。「南湖」という名称は、李白の「南湖秋水夜無煙」によるとされている。広大な湿地帯を改良し、堤を築き溜め池とし、池を巡り一七景を配し、新田開発を行った。公園という用語はなかったが、人びとが共に楽しむ場を創り出す伝統は江戸期より存在しており、井伊家下屋敷も「共楽の場」であったことがわかる。

南豊島御料地・雑木林の美学(明治期の内苑)

井伊家下屋敷は、一八七三(明治六)年、一旦、上地され、さらに井伊家の請願により払い下げられたが、一八七四(明治七)年、宮内庁は再びこれを購入し、一八八九(明治二二)年、世伝御料地となった。その後、陸軍省より編入した接続普通御料地も加え、内苑整備時の総面積は、二〇万六三九九坪(約六八ヘクタール)となった。図3-3は、明治期の御苑であり、井伊家の林泉を継承していることがわかる。南池周辺は、明治天皇が病弱な昭憲皇太后のために整備されたもので、清正井(図3-4)と、これを護る背後の樹林地が手厚く保全され、御泉水をのぞむ南面の緩やかな丘には、隔雲亭が設

図3-3　南豊島御料地

けられ、明るい芝庭にツツジが植栽された。井伊家の時代には水田だった谷津田には、カキツバタや花菖蒲が植えられ、今日なお、多くの人びとが訪れる名所となっている(図3-5)。このように御苑は、湧水地である清正井を守り、明るい雑木林の丁寧な管理により維持されてきた。もし御苑が、人の手を加えず天然遷移に委ねられたのであれば、写真にみられるような美しい杜は消滅していたのである。

このように、井伊家林泉は、明治期の南豊島御料地に継承され、江戸園芸の華である花菖蒲や、ツツジが加わり、御釣台等が設けられ(図3-6)、楽しみと癒しの空間となった。それで

は、明治神宮鎮座に伴う杜づくりは、どのような考え方で行われたのだろうか。

2　難問を解く

山積する難問

明治神宮の鎮座に伴う「社叢林（しゃそうりん）」を創り出すにあたっては、難問が山積していた。

第一に、社叢林という、ゆうに一世紀を要する「荘厳神聖（そうごんしんせい）な杜」を、短時間のうちに国民が納得できる姿にしなければならなかったこと。

図 3–4　清正井

図 3–5　御苑（菖蒲田）明治期

図 3–6　御釣台

第二に、都市化に伴う煙害等の影響で、これまで社叢林として尊ばれていたスギ・ヒノキ等は枯死の可能性が高く、異なる樹種を選ぶ必要があったこと。

第三に、参拝する人びとの心に配慮し、やすらぎの場を設け、また、広大な敷地であるため全体を単調なものとすべきではないということが、前提として求められていたこと。

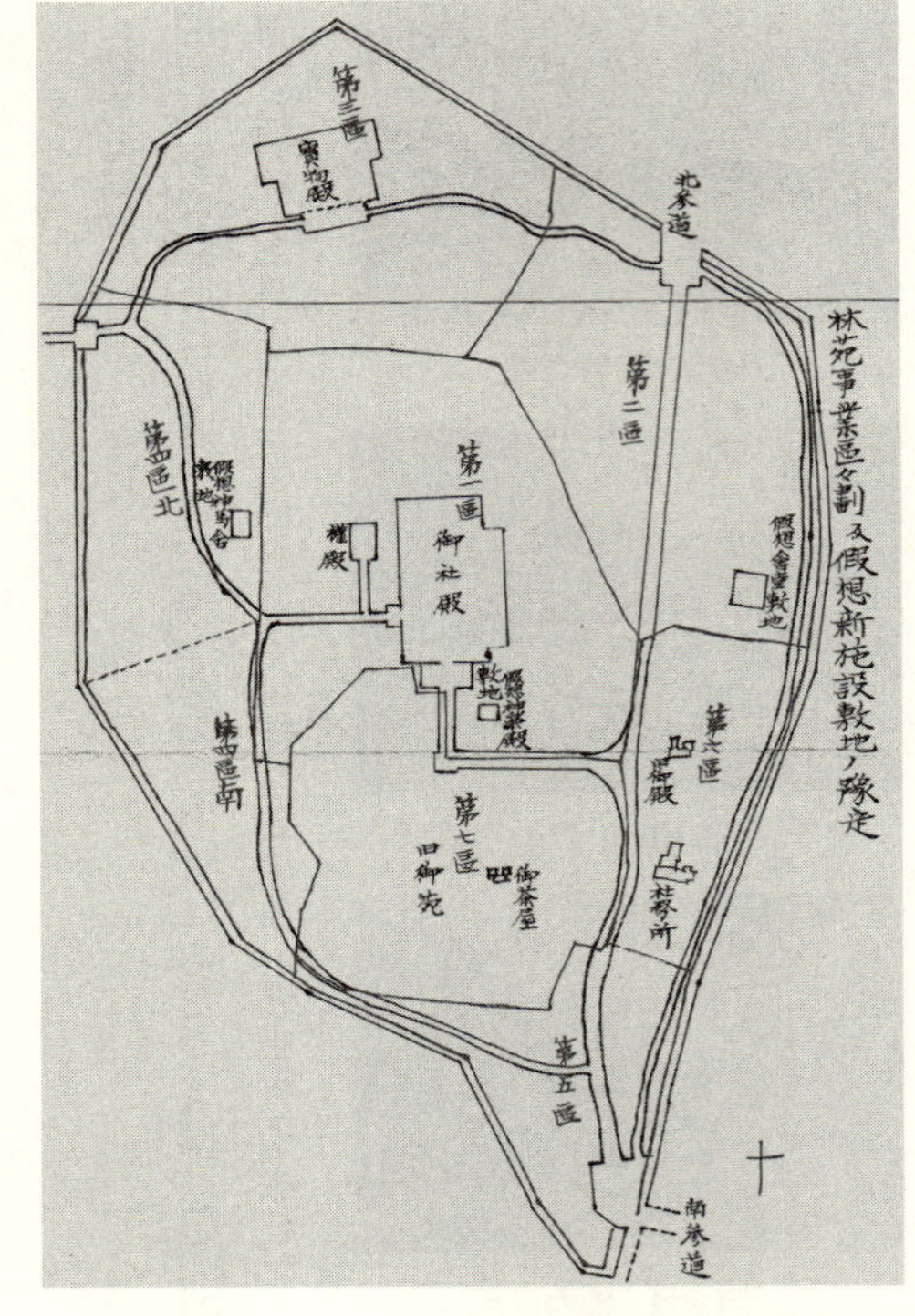

図 3–7　林苑事業区．区割及び仮想新施設敷地の予定

これらの難問に対して、技術者たちは、緻密な戦略計画を策定し、挑戦を行った。その図面が残されている。『明治神宮御境内林苑計画』であり、全域が七つの異なる区域に分かれており、それぞれの区域の目標とする姿が明確に示されている(図3-7)。

第一区：御社殿を中心とする林苑で、最も「神聖たるべき区域」。林苑の遷移のモデル図に基づき不変的林相(常緑広葉樹林を主体とする混交林)に至る杜を目標とする。

第二区：「前域」。社殿を包囲する森林区(第一区)とは異なり、「荘厳なる風致を緩和する箇所を設ける」とし、落葉広葉樹等を導入。御社殿の東北、北参道一帯。

第三区及び第四区北：社殿を中心とする森林区とは異なる「別天地」として計画された。緩やかに波打つ「代々木野の原風景」に「美」が見出されたことに特色がある。

第四区南：サカキ苗圃として活用。代々木練兵場からの砂塵防備林を整備する。

第五区：「前域」。南参道入口。神橋(しんきょう)周辺の水系の設計により、荘厳なる風致を緩和する。

第六区：「前域」。社務所の区域。林苑の荘厳な風致を緩和する。

第七区：「御苑」。武蔵野台地の普通にある混交林の景況をそのまま維持する。

図 3–8　西原尋常小学校 6 年生の奉仕活動（昭和 12 年）（提供：梛野薫氏）

難問の第一である「短期間で荘厳神聖な杜を創り出す」については、次の戦略が導入された。すなわち、鎮座時に、多くの人びとが納得する姿を実現するエリアと、百年をかけて杜を育てていくエリアを明確に区分した。

前者は、「参道」沿いであり、正面参道（一〇間、約一八メートル）、南参道（八間、約一四・五メートル）、北参道（六間、約一〇・九メートル）、西参道（四間、約七・二メートル）と幅員（ふくいん）を変え、特に正面参道、南参道、北参道には、全国から寄進された献木の中から、優れた樹形の樹木を厳選し、多くの国民の勤労奉仕により、速やかに移植を行った。図3–8は、近隣の小学生による奉仕活動であり、御社殿周囲の杜は、まだ松林であったことがわかる。荘厳な雰囲気を緩和するため、ケヤキ、イロハモミジ等の四季の変化にとんだ落葉広葉樹も植栽された。

最大の難問である百年の計で育てていく「荘厳神聖な杜」については、本多静六、本郷高徳、上原敬二等により、「永遠の杜」モデルが創り出され、壮大な実験が開始された。重点的な対象区域は、御社殿を取り囲む第一区とされた。第二の難問である樹種については、枯死することのない郷土の樹種であるシイ・カシ・クスノキを主体とする常緑広葉樹林とすることが提案された。これに対しては、時の内閣総理大臣、大隈重信等が反対を唱えたが、本多が説得を行ったといわれている。第三の難問、人びとの心に配慮し、やすらぎの場を与える杜としては、第三区及び第四区北に、湿地帯と茅場(かやば)を活用し、伸びやかな武蔵野の原風景を尊重した「別天地」を創り出すものとされた。御苑は、そのまま維持することとされた。このようにして、今日の言葉でいうマスタープランが作成されたのである。

内苑の杜の構造

明治神宮の鎮座に伴い、最も小高い台地上に御社殿が建立され、御社殿を取り囲む、神聖な杜が創り出された(第一区)。この杜の南に広がるのが、清正井を包含する「御苑」である。北部の宝物殿の前には、伸びやかな代々木野の美を活かした風景式庭園が創り出された。この三つの異なるエリアにより構成されているのが内苑であり、正面参道・南参道・北参道・西参道が、異なる幅員と植樹により骨格を形づくっている。隣接地は代々木練兵場であったため、土

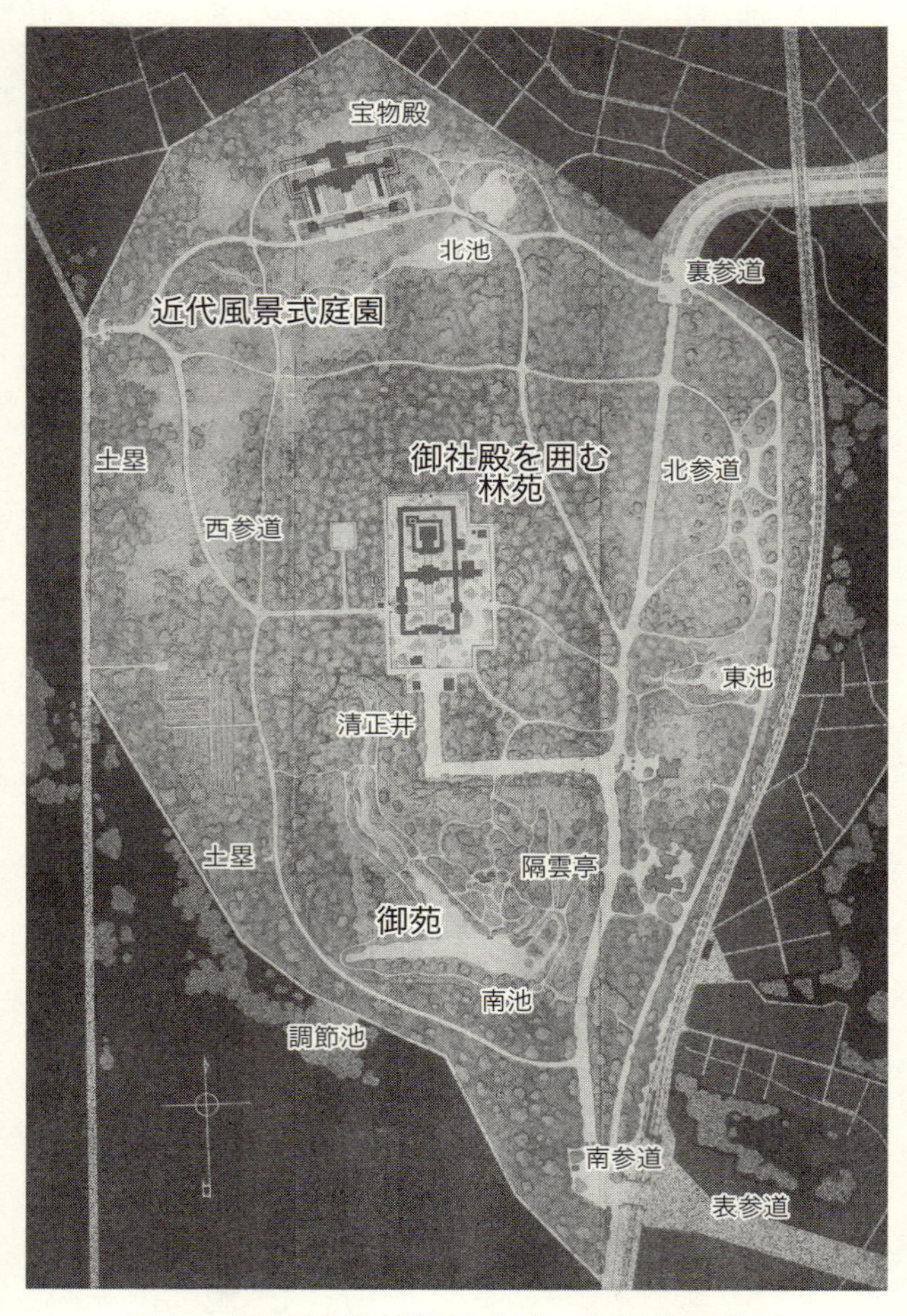

図 3–9　明治神宮境内平面図(図内の文字は筆者記入)

砂の流入を防ぎ静謐(せいひつ)さを保つため土塁がめぐらされた。調節池を設け、雨水が内苑に流入しないように排水計画がつくられた(図3-9)。この調節池は、現在、代々木公園のバードサンクチュアリーになっている。雨水の流入を遮断した結果、当時の方策としては適切であったが、都市化に伴う地下水位の低下もあり、現在、深刻な水資源の枯渇という問題に直面している。

3　百年の杜の実験と現在

「荘厳神聖な林苑」のモデル

明治神宮の鎮座に伴い、人間の手を加えず「天然更新」に委ね、杜を育てていく「荘厳神聖な林苑」が創り出された。ここでは、その仮説と百年後の結果について検証を行う。「荘厳神聖な林苑」という言葉は『明治神宮御境内林苑計画』に記載されているものである。

このモデルは、本郷高徳等により、四段階で提案された(図3-10)。

①第一次の林相

創設時の林相は、四つの高さの異なる樹木から構成される。最高木層はアカマツ、クロマツ

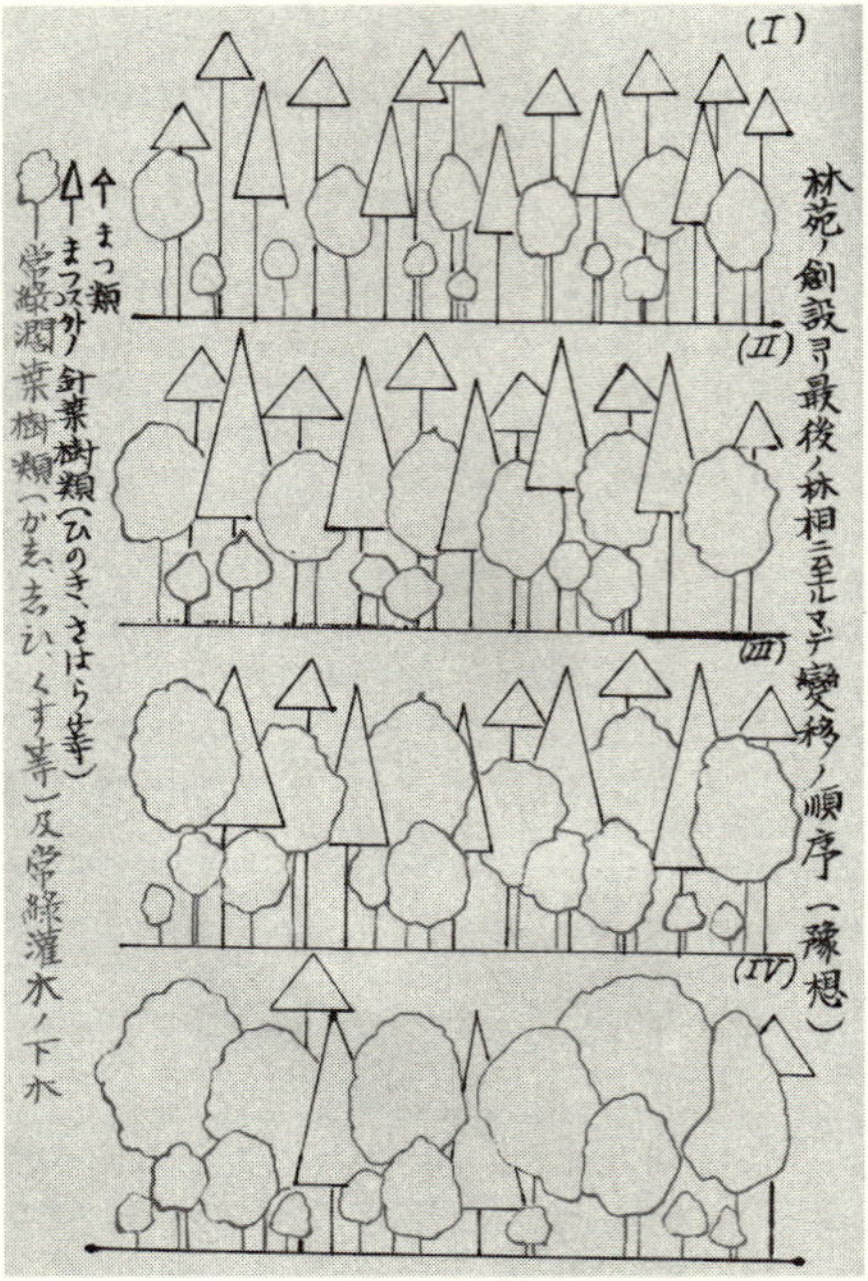

図 3-10　林苑の創設より最後の林相に至るまでの変移の順序（予想）

とする。既存林を活用。第二層は、ヒノキ、サワラ、スギ、モミ等の針葉樹。第三層が、カシ、シイ、クス等の常緑広葉樹とし、低い位置に常緑小喬木、灌木を植栽。マツの密林のように見えるが、実際には既存のケヤキ、ムクノキ、ナラ等の落葉広葉樹があるため、風致は保たれる。

②第二次の林相

当初はマツの生育は旺盛であるが、次第にヒノキやサワラが成長し、数十年もかからずに、樹冠を支配する樹木はヒノキやサワラとなり、マツ類は、その間に散在するようになる。第三層に植栽した常緑広葉樹(カシ、シイ、クス)は風土に最適な樹木であるため順調に成長していく。

③第三次の林相

おそらく、百年内外には、常緑広葉樹(カシ、シイ、クス)が支配木となり、全域を覆う大森林となり、その間にヒノキ、サワラ、スギ、モミ、あるいは場所により、ケヤキ、ムクノキ、イチョウ等の大木が混生する森になる。

④第四次の林相

さらに数十年ないし百余年を経過すると、これらの落葉広葉樹(ケヤキ、ムクノキ、ナラ)の多くは消滅し、純然たるカシ、シイ、クス類の鬱蒼たる老大林となる。なかでもクスは特に頭角をあらわす。林内は、天然下種により発生した数多くの常緑広葉樹の稚樹および灌木が生え、ここに初めて東京地方固有の天然林相となる。人為を籍ることなく、永久に荘厳神聖なる林相を維持することができる。

百年後の杜(台地エリア)の検証

内苑における「御社殿を中心とする最も神聖たるべき区域」は、前節で示した第一区であるが、それをさらに細分化し、小区分ごとに毎木(まいぼく)調査が百年の間に四回行われている。第一回は

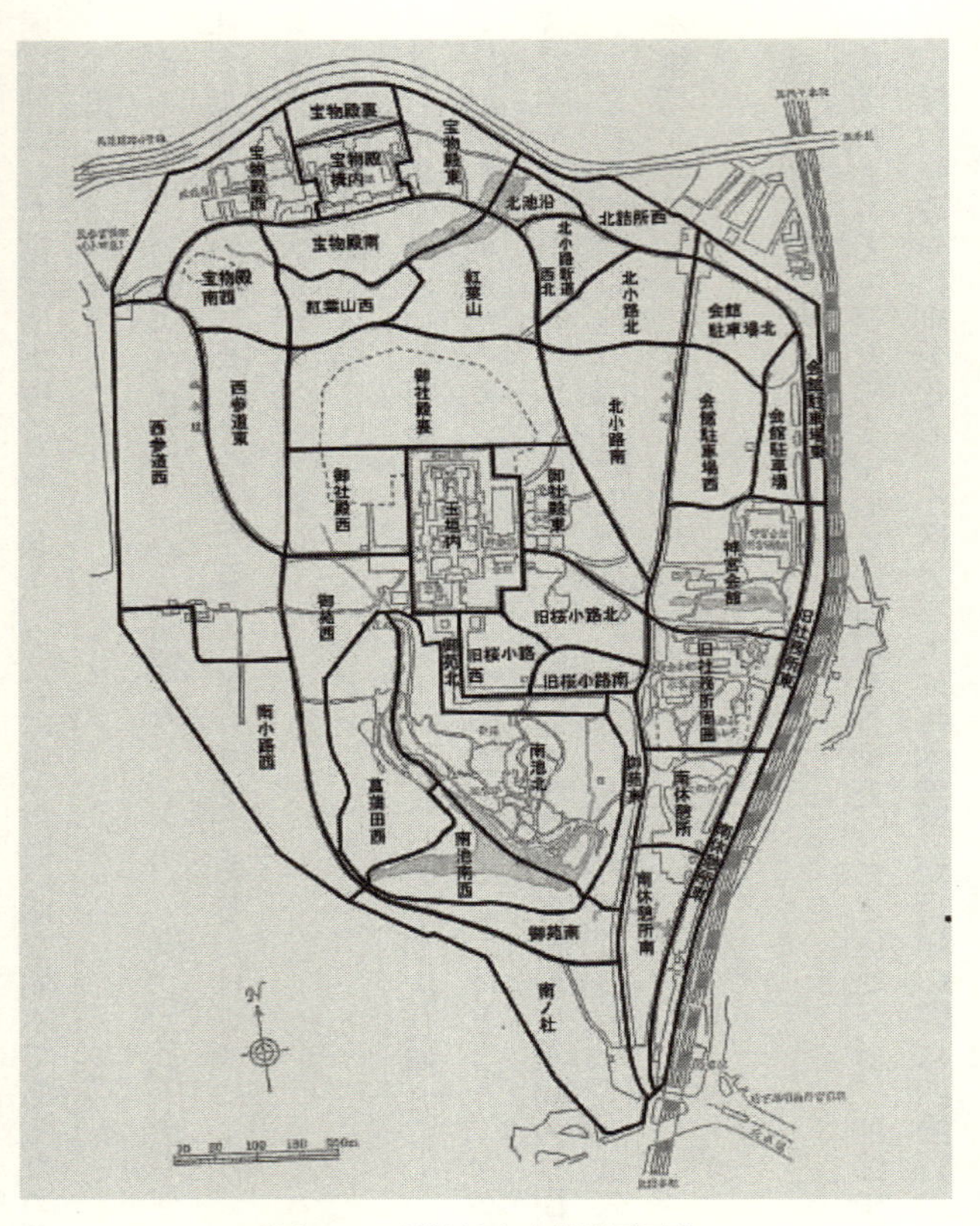

図 3-11　明治神宮内苑地区区分

一九二四年（目通り周り三〇センチメートル以下の樹木の調査は行われていない）、第二回は一九二九〜三五年（御苑内の調査は行われていない。戦時疎開により一部のデータが消失している）、第三回は一九八〇年、第四回は二〇一三年に調査が行われた。第四回調査は、現時点では全体の統合データのみの公開となっている。

内苑全域では三七カ所に区分されているが、ここでの分析の対象は、御社殿を取り囲む七地区であり、地形により、二つに分けられる（図3−11）。「台地エリア」が、①御社殿裏、②御社殿東、③旧桜小路北、④旧桜小路西、⑤旧桜小路南であり、「谷戸（やと）エリア」が、⑥御社殿西、⑦御苑西である。

図 3−12　御敷地内での大黒松移植作業

①御社殿裏

御社殿の裏に位置する最も重要なエリアであり、密生した松林があった（図3−12）。間伐を行い、針葉樹、常緑広葉樹を植えていく必要があったが、いきなり強度の間伐を行えば風害により倒木の可能性があったため、「徐々に弱度の間伐を繰り返

表3-1　御社殿裏の樹種別本数の変化(1924〜71年)

樹　種	1924年	1934年	1971年
アカマツ・クロマツ	1,162	1,241	144
ヒノキ・サワラ・スギ	314	665	292
シラカシ・スダジイ	317	500	425
クスノキ	19	26	284
ケヤキ・コナラ・イヌシデ	115	129	96

し行い、予定の植栽を行った」とされている。西側は畑地であったが、北方に緩やかに傾斜しており、そのまま植栽を行っても、「背景として満足する」景観を形成することは困難であったため、高さ六尺ないし一八尺(約2〜5メートル)の小丘をつくり、その上に植栽することとなった。造成にあたっては、埼玉県を中心とする不二道孝心講員の一二六名が奉仕活動をしたと感謝の言葉が記されている。この地区のマツは、少なくとも五、六間以上(約九〜一一メートル)である必要があり、東京府下一五一の町村から献木を仰いだとされている。

一九二四〜七一年までの樹種別の本数の変化をまとめたものが表3-1である。高木層を形成したアカマツ・クロマツ等の針葉樹は五〇年後には、一一六二本から一四四本と、約八八%以上、減少した。第二層のヒノキ・サワラ・スギは、ほぼ変わらないが、常緑広葉樹の増加が著しく、なかでもクスノキは、本数において一五倍となっており、天然更新が進んでいる。鎮座百年を記念する二〇一三年の調査では、クスノキ-スダジイ群落(典型下位単位)と分類された。

この群落は、一九七一年の調査では、高木層の高さは、二〇メートル前後であったが、二〇一三年の調査では、クスノキが著しい成長をみせ、三〇メートルにも達し、このため超高木層として分類された。高木層(樹高二〇メートル)は、スダジイやシラカシで、ムクノキもみられる。その下の亜高木層(八～一二メートル)には、サカキやヒサカキがみられ、低木層(二～六メートル)にはアオキ、シュロ、サカキ等が出現している。林床(りんしょう)には、スダジイやシラカシの実生(みしょう)、テイカカズラ、フユヅタ等がみられる。図3-13は、現在の杜の階層構造を示したものである。予想を遥かに上回る速度で、常緑広葉樹林が形成されている。しかし、思わぬ事態が生じている。ナラ枯れの急速な拡大である(図3-14)。これはカシノナガキクイムシが

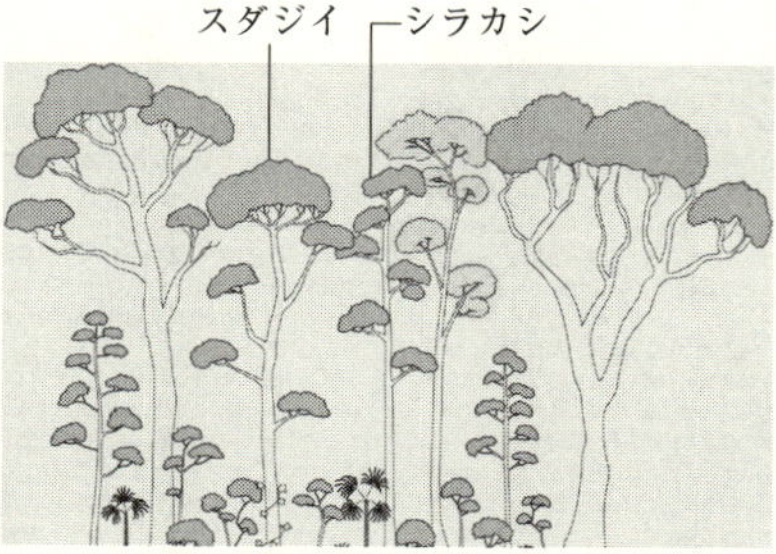

スダジイ　シラカシ

図3-13　ナラ枯れによるスダジイ，シラカシの衰退と枯死

図3-14　御社殿裏に広がっているナラ枯れ(2024年5月2日)

媒介する菌類による病害であるが、高木層を形成しているシラカシ、スダジイ等を直撃している。高木層の枯死により、鬱蒼としていた樹林内にギャップ（空隙）が生じている。この規模が大きい場合は、遷移のプロセスに大きな影響が生じる。このような事態は、本郷らのモデルでは予期されなかったものである。

②御社殿東

東神門を取り囲む杜であったが、現在は社務所建設のために伐採された。地形は、東池に向かって緩やかに傾斜している。一九一五年の調査では草地及び畑跡地であったが、一部にシラカシ・モミ・ナラ等の混交林があった。伐採される前の一九二四〜七一年までの樹種別の本数の変化をみると、高木層を形成したアカマツ・クロマツは五〇年後には、三三五本から三九本と、約八八％減少した。第二層のヒノキ・サワラは約半減、常緑広葉樹では、クスノキが、約三倍に増加した。一九七一年の調査では、すでにクスノキ－スダジイ林となっていた。このエリアは、水量の少ない東池への水源涵養域になっており、創建時には貯水池も設けられていた。駐車場の雨水浸透機能の回復、わずかに残存する湿地の保全等、荘厳神聖な杜をどのように回復していくかについて、抜本的検討が求められている。

③旧桜小路北・西・南

正面参道の大鳥居から直進し、玉垣に至るエリアの東南にあたる神苑であり、荘厳な堂々とした風格が求められたエリアである。整備前は、旧御殿の西方に位置し、ヤマザクラの老樹が一本あり、通称「大さくら道」と言われていた。「万緑の中にあり花木の美観、特に賞すべき」として、正面参道の岐路に独立した植栽地を設け、移植したと記録されている。

一九二四〜七一年までの樹種別の本数はどのように変化しただろうか。高木層を形成したアカマツ・クロマツは五〇年後には、二五八本から四四本と、約八三％減少した。第二層のヒノキ・サワラは約六八％減少、常緑広葉樹のスダジイ・シラカシは約二八％減少、クスノキが、約一・五倍に増加している。落葉広葉樹は、ほぼ横ばいだった。二〇一三年の植生調査では、当該区域は、クスノキ－スダジイ群落（ヤブニッケイ下位単位）で、安定した樹林地となっている。

その理由は、この地域は井伊家の林泉に起源を有し、内苑整備にあたっても、造成が行われず、豊かな森林土壌が保全されたためである。玉垣に隣接し、天然更新に委ねられてはいるが、苑路に隣接するエリアでは、丁寧な林床の管理が行われている。

このように、「荘厳神聖な杜」として最も手厚く創り出された杜のうち、御社殿裏は、天然更新の昼なお暗い密林となっているが、ナラ枯れの進行により、森林遷移は、異なった局面を迎えている。一方、御社殿東のエリアは、社務所・駐車場の整備により、樹林地は失われた。正面参道に面する旧桜小路エリアは、林床の管理が行われており、御社殿裏とは異なる管理型のクスノキ－スダジイ林となっている。

それでは、台地ではない、清正井に繋がる谷戸に位置する「荘厳神聖な杜」のエリア（御社殿西、御苑西）における、百年後の結果はどのようなものであったのだろうか。

百年後の杜（谷戸エリア）の検証

「荘厳神聖な杜」のうち、谷戸のエリアに位置する地区が、御社殿西と御苑西である。このエリアは清正井の水源涵養域にあたる。清正井には内外からの人びとが訪れる。水清らかにして、滾々（こんこん）と湧き出でる泉は、訪れる人びとに、永遠の時の流れに思いをはせ、ひとときの心の平安を与えてくれる。

しかし、柵が立っているため表側からは見えないが、清正井の背後の樹林地ではナラ枯れにより、大量の樹木が枯死している（図3－15）。一体、何が起こっているのであろうか。

内苑の計画では、清正井の水源涵養域に相当するエリアは、西神門を取り囲む「荘厳神聖な杜」として位置づけられており、権殿敷地(御社殿西地区)と御苑西地区から構成されている。地形は、清正井のある御苑に向かって、南方に傾斜しており、一九一五年の調査では、玉垣に隣接する東部にはマツの疎林があり、中央部及び西側の谷戸の斜面地には、スギ林が存在していた。なかでも、清正井の直近の位置にあったスギの大木は、目通り周り三メートル以上と森林台帳に記載されている。上原敬二は、一九七一年に、清正井について次のように述べている。

「すぐ近くスギの大木があり、枝下高く、直幹美しく、周囲二、三メートル、まず、四百年の樹齢と判定した。湧水あればこそ、ここまで順調に生育したのである。この水の涸れる時は、やがてこの樹も最後である」

上原が述べたスギの大木は、もはや存在していない。御社殿西地区における一九二四〜七一年までの樹種別の本数の変化をみてみよう。アカマツ・クロマツは五〇年間で三〇三本から七九本と、約七四%減少した。針葉樹は、この地区では、ほぼ同数が残っている。特にスギは、一九二四年の八七本から一九七一年には八一本と、ほとんど減少

図3-15　ナラ枯れにより，伐採された清正井の背後の雑木林．柵の背後の崖下が清正井

しておらず、データによれば、スギの目通り周りは五〇センチメートル以上となり、成長している。シラカシ・スダジイ等の常緑広葉樹は、ほぼ横ばい、クスノキは約二・五倍、落葉広葉樹は四倍となっている。二〇一三年の調査では、クスノキ－スダジイ群落の中でも、特にスギ優占植分群として分類された。これは、この立地が、清正井に続く谷の上流部にあたり、豊かな水脈を有していたためであり、一九一五年の地形図には、スギ林の中に小川が記載されている。この小川は、苑路の下をくぐり抜け、下流へ通じるように設計が施されていたが、現在は土砂でほとんど埋まっており、降雨時には、水が捌けず湿地状となり、結果的に残存しているスギ林に悪影響を与えている。本郷は、『林苑計画』において、次のように述べ、スギ林は、駆逐されていくものと判断した。

「スギ林は土地適潤にして水透し善き渓谷地に適するも、都会特に工場地付近に見る煤煙は其の生育を害することおびただしく、至る所として悲惨なる実例を目撃せり」

しかし、百年を経て、スギ林は命をつないでいる。それは、この地が「適潤にして水透し善き渓谷地」であったこと、常緑広葉樹林帯が順調に成長を遂げ、環境を向上させたこと、及び東京都公害防止条例の公布等により、大気汚染が著しく改善された成果とみなすことができる。

「荘厳神聖な杜」のモデルに欠落していた「谷戸型モデル」

本節で述べた「荘厳神聖な杜」のモデルは、台地エリアのみに適用可能なものであり、谷戸型モデルは、完全に欠落していた。台地上と谷戸のエリアとでは、水循環や生態系が全く異なっている。谷戸のエリアの杜は、豊かな水脈に恵まれ、水源を涵養する雑木林により支えられてきた。雑木林は、定期的に人間の手がはいり、萌芽(ほうが)更新を行い維持されてきた。創建時には、清正井は最優先で大切に扱われてきた。折下吉延は、清正井の水源を確保するために、その背後に位置する樹林地に、排水を集め沈殿池を設け、徐々に地中に浸透させ、泉源の涵養を行うことを実施した。現在、この水源涵養域は、駐車場、管理事務所、自動車専用道路となった。清正井の水源涵養林を守り育てていくという基本となる精神は忘れ去られている。水資源の問題は、喫緊に取り組まなければならない重要な課題である。図3-16は、代々木練兵場(現在の代々木公園)からの土砂の流入を防ぐために構築された土塁と石垣である。内苑は、代々木公園の下流域であるため、雨水の流入が遮断されており、

図3-16　内苑と代々木公園の間に築かれた土塁と石垣

表3-2　樹木特性別本数の比較(目通り周り30センチ以上)

樹　種	1921年	1929〜35年	1971年	2013年
針葉樹	13,647	18,202	5,019	1,713
常緑広葉樹	6,422	8,611	12,547	13,307
落葉広葉樹	6,428	5,141	6,413	6,119
合　計	26,497	31,954	23,979	21,139

速やかに、この問題を解決していかなければならない。

内苑の杜・樹木数及び樹木特性の総括表

内苑における、百年間の樹木数及び樹木特性の概要は、表3-2に示す通りである。目通り周り三〇センチメートル以上の樹木本数は、一九二九〜三五年には三万一九五四本であったが、一九七一年には二万三九七九本、二〇一三年には二万一一三九本となった。杜の成熟に伴い、大径木が増大している。樹種は針葉樹の減少が著しく、八四年の間に約九〇%が植生遷移により消失した。樹木特性からみると、二〇一三年の調査では、約六三%が常緑広葉樹、約二九%が落葉広葉樹、針葉樹は約八%となり、常緑広葉樹林への遷移が進んでいる。

第四章

別天地をつくる

神宮内苑の自然風景式庭園(宝物殿前). 代々木野の緩やかな起伏を活かし, 野の風景が遠くまで続いていくように通景線(ヴィスタ)を導入し, 別天地を創り出したエリア(撮影：2024 年 5 月 5 日)

1　別天地

第四章の扉写真は、皐月の空に泳ぐ鯉のぼりである。私たちは、神宮の深い杜に感銘を受けるが、その背後にこのような明るい「別天地」が創り出されていることには、気づいていないことが多い。このエリアは、神苑の荘厳な雰囲気を和らげ、人びとに安らぎを与えるように創り出されたもので、北門からは、鳥居をくぐらずに入ることができるように設計が行われている。

「社殿を中心とする森林区と隔絶せられて自ずから別天地をなし、その北端は丘上の森林によりて厳に境外と遮断せらるるも、南方即ち宝物殿の前面は芝生、疎林及び水を主とせる開豁（かいかつ）なる風致をなし、（略）遠景線即ち所謂「ビスタ」を成す」

ここで、遠景線、すなわち「ヴィスタ」（本書では、このように表記）と呼ばれている景観は、一般には「通景線」と訳されているが、イギリス自然風景式庭園の典型的な様式であり、郷土の牧野に「美」を見出し、広がりのある、伸びやかな空間を創り出したものである。章扉写真の樹林地の後方に、芝生の広がりが、かろうじて見えるが、これが本来の「ヴィスタ」である。一九七〇年代までは、代々木野の連続性を想起させる美しい「ヴィスタ」が確保されていた。その後、この自然風景式庭園の基本となる意匠は忘れ去られ、野鳥が運んだ実から芽生えたエノキ、トウネズミモチ等の幼樹が放置されたまま、いつの間にか大木となり、宝物殿前の生命線ともいえる珠玉の空間は、風前の灯となっている。

この景観創出の手法は、イギリスでは、一八世紀初頭、ウィリアム・ケントやランセロー・ブラウンにより、ピクチュアレスク(絵画風)という様式で展開され、スタウアヘッドやブレナム等の名園が誕生した。ヨーロッパ大陸で初めて、この様式で創り出された庭園が、ミュンヘンのエングリッシャー・ガルテンであり、面積は三七三ヘクタールにのぼる。ドイツでは、その後、デッサウ・ヴェルリッツで、啓蒙君主であるレオポルト三世フリードリヒ・フランツにより、ジャン＝ジャック・ルソーの「自然に帰れ」という思想や、農機具の改良、農民への教育、異なる宗教をも共存させた(キリスト教の教会とユダヤ教のシナゴーグ)ヴェルリッツ庭園が創り出された。イギリス自然風景式庭園は、「庭」が開かれた「公園」として、近代という時代を牽引していく大きな運動を生み出していく源泉となった。

この様式は、フランスにも大きな影響をあたえ、日本人で初めて、これを学んだ人物が宮内省御料局技師の福羽逸人であった。福羽の最初の渡仏は一八八六年で、帰国後、一八九一年に御料局技師となり、内匠寮に兼勤した。福羽は、以後一九一〇年まで七回にわたり、フランス、ロシア、アメリカを訪れた。この間、ベルサイユ園芸学校のアンリ・マルチネに新宿御苑の改良設計を依頼し、これに基づいて施工を行い、一九〇八年に竣工している。図4–1は、新宿御苑の自然風景式庭園であり、「引き込みヴィスタ」を導入している。ここで「引き込み」と記載したのは、景に奥行きを持たせるため、ヴィスタを直線で行き止まりとさせず、緩やかに曲線を描き、彼方へと消えていく余韻を残した手法である。内苑でも同様の引き込みヴィスタが導入されている。この手法が導入された庭園及び公園は、日本では三例にすぎず、新宿御苑、神宮内苑、さらに二〇〇七年には岐阜県各務原市の岐阜大学農学部跡の「学びの森」で、市民参加により実現している。

図 4–1　新宿御苑の自然風景式庭園

ニューヨーク・セントラルパークは、民主主義の庭として、すべての人びとが、等しく公園を享受する理想を実現したものであり、自然風景式庭園の手法が導入された。欧米の広大な公園を見聞してきた技術者たちの間には、新しい時代を迎え、これまで到達できなかった「壮大な夢」を実現したいという思いが存在していた。百年の時を超え、私たちに手渡された広い空と代々木野の風景に、先人たちの夢が託されている。

2　代々木野の美の発見

「別天地」を宝物殿の前に創り出すプロジェクトについては、当時の様子を、折下吉延の下で整備に携わり、一九二六年まで内苑・外苑の育成を担当した田阪美徳(明治神宮造営局技手、内務省神社局技師を経て、東京市公園課長)は、次のように回想している。

「大体計画が参与会を通過するまで、毎晩、原先生(東京帝国大学教授兼駒場農場長)の官舎に計画案をもって打ち合わせに行くのがその頃の(折下)先生の仕事の大部分を占めていた。原先生の官舎に行く時は、大抵、寺崎さん(後に京都植物園園長)や高木さんと私を連れて行く晩が多かった(略)。西参道から宝物殿前にかけての一帯は、(略)苑地の地模様、地割、高低起伏なども自由にとることができた。宝物殿前のなだらかな芝生のスロープも、技巧を凝らして鋤き取ったものだった。鋤取土で宝物殿背後に小丘を造ったのである。あのうねりの地模様こそ武蔵野

図 4-2　宝物殿敷地より南方を臨む．上は整備前(1915 年頃)．下は整備後(1930 年頃)

の小丘陵を表現したもので、南北のスロープの落ち合う裾(すそ)は小流れとなって北池に注がしめてある」

田阪が、ここで「武蔵野の小丘陵」と語っていることが重要である。イギリス自然風景式庭園は、羊が草をはむ牧野に「美」を見出したものであったが、内苑では、「代々木野の美」が見出された。

ここに、二枚の写真がある。宝物殿前の自然風景式庭園の整備前と整備後(図4-2)である。武蔵野の緩やかな小丘のうねりが地平線に消えていくように地形がつくりだされた。湿地や、点在する樹林地は、現在、語られているような荒地ではなく、「代々木野の美」を発見し、芸術に昇華させた空間である。ランドスケープ・デザインにおいて最も重要であるのが、「微地形」を読み込むことにある。写真中央の一本松は、中距離景を構成する鍵となる樹木として位置づけられた。その背後の樹林

（右）図4–3　一本松（2024年5月）
（上）図4–4　ケヤキの大木（2024年5月5日）

地が御社殿裏の杜である。中央に広がる野の景観は、遮るものがない原風景として、遠方に連なる雑木林に消えていく構図となっている。
図4–2の下の写真は、一五年が経過した昭和初期の風景である。御社殿背後の樹林地は順調に生育を遂げており、代々木野のヴィスタは確実に担保されている。百年を経過した現在、一本松は健在であり、樹下に人びとが憩っている（図4–3）。ケヤキは、存在感のある巨樹となった（図4–4）。

3　水の枯渇による小川の消滅

代々木野の姿を今日に伝える宝物殿前の自然風景式庭園は、現在、深刻な問題に直面している。「水の枯渇」である。北池とそれに注ぐ小川は、西門に近い井戸から、水の供給が行われていた。周辺地域の都市化に伴い、地下水位が低下し、小川は涸れた。北池は、冬季には、池底が露出する事態となっている(図4-5)。内苑の近くで育った渡邉定夫(東京大学名誉教授)は、幼い頃の遊び場だった宝物殿前の小川について、次のように書き記している。

「神宮の杜にはいると、もうその頃で三十年は経っていたことになるから鬱蒼たる森になっていた。記念館(宝物殿)の南に広がる芝地の大きなひろばは、ご機嫌の場所だったことを憶えている。中央部には、野の小川と言うべき流れが斜に走っている。その奥に池が在り、大きな木立の森が池を囲むように全体の背景をつくっている。広い野原には、今日いうところの景観木が配置され、まるで絵画を見るような景色だった」

図4-5　北池．水不足により，池底が露出し，亀裂がはしっている(2025年2月27日)

水がない小川にも、多くの人びとが集(つど)っている。未来にはばたく子どもたちに、代々木野の小川で遊び、豊かな心を育み、成長していってほしいと願うものである。

4　杜を創り出した人びと

最後に、明治神宮造営にあたって杜を創り出した人びとの歴史を振り返っておきたい。

参与として、本多静六、川瀬善太郎、原熙、技師としては、一九一五年に折下吉延が任命され、一九一七年に本郷高徳が続いた。技手として寺崎良策、上原敬二が任命され、嘱託として大屋霊城、中島卯三郎、狩野力、太田謙吉、田阪美徳等、若手の人材が結集することとなった。

本多静六（一八六六〜一九五二）は、東京帝国大学農科大学卒業後、ドイツ、ミュンヘン大学で林学博士となり、日比谷公園をはじめ、神宮内苑の整備のほか、大沼公園（北海道）、松島公園（宮城県）、羊山公園（埼玉県）、大宮公園（埼玉県）、臥竜（がりゅう）公園（長野県）、岐阜公園（岐阜県）、奈良公園（奈良県）、宮島公園（広島県）、大濠（おおほり）公園（福岡県）等、全国の草創期の公園の整備にあたった。

福羽逸人（一八五六〜一九二一）は、津田仙が主催する学農社で農学、園芸学をおさめ、内務省勧農局試験場にはいり、新宿植物御苑等に奉職した。また、ブドウ栽培の研究を行い、兵庫県加古郡に国立の播州（ばんしゅう）ブドウ園を開設した。その後、帝国大学農科大学教授となり、一九〇〇年のパリ万博に園芸術の万国会議員として出席し、ベルサイユ園芸学校、アンリ・マルチネに新宿御苑の設計を依頼した。帰国後、五年の歳月をかけ自然風景式庭園としての現在の新宿御苑の整備を行った。福羽は、一九一三年に設立された「神社奉祀調査会」の委員を務めたが、造営局の発足にあたっては、弟子である原熙に、その任を委ねたものと思われる。福羽の当該地への思い入れは深く、新宿御苑と代々木御料地を結び付けようと考えていた。父の福羽美静は、明治政府の神祇省、教部省に務め、東京女子師範学校の校長も務めた人物で、明治天皇の和歌の指導にもあたられた文人であり、その邸宅は、淀橋浄水場に隣接する角筈にあった。代々木八幡神社には、御本殿の再建にあたって一九〇一年に建立された記念碑があり、福羽美静の歌が刻まれている。

原熙(一八六八〜一九三四)は、帝国大学農科大学卒業後、農商務省、台湾総督府、拓殖務省を経て、一九〇六年には東大農場長となり、翌年に園芸学講座を開設し、多くの人材を育てた。折下吉延、寺崎良策、大屋霊城、太田謙吉、井本政信、田阪美徳等である。

寺崎良策(一八八五〜一九二七)は明治神宮造営局を経て、日本で最初の公立植物園である京都府立植物園の設計に携わった。明治神宮での経験を活かして設計された京都府立植物園は、既存の杜を守り、一九二三年に開園をみている。

技師として任命された折下吉延(一八八一〜一九六六)は、一九〇八年、帝国大学農科大学を卒業後、宮内省内苑寮園芸掛技手となり、新宿御苑と代々木御料地で福羽逸人の指導を受けた。一九一二年に宮内省を辞し、奈良女子高等師範学校の教授となり、一九一四年には、橿原神宮の林苑整備に携わっていた。外苑技師に任命された時は、若干、三五歳であり、内苑・外苑・連絡道路・表参道等の実務に携わった。折下は、一九一九年、東京商工会議所の支援を得て、一年間、欧米の最新公園事情を視察しており、帰国後、その知見が外苑整備に活かされることとなった。

一九一七年には、本郷高徳(一八七七〜一九四九)が、本多静六の推薦により、技師に任命された。本郷は、東大で助手を務めた後、ミュンヘン大学で林学博士を取得しており、新進気鋭の林学者であった。

技手となった上原敬二(一八八九〜一九八一)は、東京高等造園学校の創設者であり、造園学の学問の基礎を築き、全国、津々浦々で卒業生が活躍している。

大屋霊城(一八九〇〜一九三四)は、明治神宮造営局を辞した後、大阪府に奉職し、住吉公園、箕面公園、浜寺公園の整備に携わり、関一市長の下で「大阪緑地理想計画」の策定など、広域都市計画のパイオニアとなった。

太田謙吉(一八九一〜一九六三)は、都市計画神奈川地方委員会技師となり、大楠山景園地の設計、湘南海岸公園の設立に貢献した。

狩野力(一八九二〜一九三四)は、都市計画愛知地方委員会技師となり、名古屋市の公園計画の基礎を築いた。

このように、明治神宮造営局において世紀のプロジェクトを担った人びとは、近代日本の公園緑地計画、都市計画を牽引していくこととなった。

第五章

民衆がつくった杜

——明治神宮外苑

神宮外苑のイチョウ並木．木洩(こも)れ日の中を歩く

1　林泉をつくる

公衆の優遊の場

神宮外苑は、明治天皇崩御後、一九一二(大正元)年八月、東京商工会議所に実業家有志、政府関係者、衆議院議員、東京市及び東京府の名誉職などが集まり覚書を交わし、同年一二月、神社奉祀調査会が設立され、青山練兵場に献費をもって造営された。当初面積は、隣接する民有地をも買収し、一七万八〇四四坪、約五八・八五ヘクタールであった。

内苑は国費をもって整備されたが、外苑は全国民の献資によるものとされたため、一九一五年五月、全国民の献金を仰ぐ組織が設立されることとなった。そして、渋沢栄一、大倉喜八郎、古河虎之助、安田善次郎等が準備委員となり、発起人及び協賛者を合わせて八六〇〇名の賛同を受け、同年六月「明治神宮奉賛会」が設立された。総裁に伏見宮貞愛親王(ふしみのみやさだなるしんのう)、会長に徳川家達、副会長に渋沢栄一、阪谷芳郎、三井八郎右衛門が就任した。

一九一七年二月、「献金が予期以上の好成績を収めた」ことから、一九一八年六月、地鎮祭が行われ、約八年の歳月をかけて、外苑は一九二六年一〇月に竣工をみた。この間、一九二三年九月、関東大震災が発生し、外苑は避難所や救護の拠点となった。仮設住宅四一棟(五八七六坪)が建設され、六四〇〇人の被災者に提供された。隣接する慶應義塾大学病院は罹災者の救護にあたり、市街地再開発事業の当事者である三井財閥は、仮設住宅の建設と避難民の救済に多大な貢献をした。奉賛会により集められた国民からの献金の総額は七〇三万三六四〇円(予定は四五〇万円)、献木は内外苑を合わせて九万五五〇〇本、内外苑造営に奉仕した青年団は、二〇八団体、延べ一〇万二七九二人にのぼった。人びとからの献金は、『奉賛佳話』としてまとめられている。これまで、ほとんど知られていないため、数例を書きとどめておきたい。

・東京市外西ケ原・山田堅介氏：日露戦争に従軍。多くの僚友が戦死したことをいたみ献納。
・横浜市保土ケ谷町・岡野欣之助氏：クスノキの大木三本を献納(葬場殿址に植樹)。このクスノキは、氏が所有する保土ケ谷ゴルフ場の一隅に繁茂していた大木であった。
・東京府下三鷹村・吉川半助氏：故近藤勇の生家。多数の松樹を献納。
・集落の総意で献金：秋田県仙北郡金澤町金澤中野区、愛知県知多郡富貴村、奈良県生駒郡。
・島根県飯石郡志々村角井小学校児童五二名：栗拾いをし、金一円八九銭を献金。
・滋賀県東浅井郡湯田尋常高等小学校児童四一五名：大豆を育て、金八円五一銭を献納。

・企業、会社からの献金：富士紡績、三田土ゴム、鐘紡、京都織物、摂津紡績他、多数。

献木の運搬にあたっては、鉄道、汽船各社が運賃を半額にした。青年団の勤労奉仕は、全国に及んだ。年齢一八〜二五歳までとし、約一〇日間、簡素な宿舎で自炊を行い、夜間は造営局書記官や諸名士の講話を受けた。この活動から、一九二〇年、全国の青年団員の募金による日本青年館建設の儀がおこり、一九二一年、財団法人日本青年館の設立が認可された。勤労奉仕にあたった青年団員は、それぞれの地域のリーダーとなっていった。

「林泉」とは

外苑の計画の考え方は奉賛会により提示され（一九一五年一〇月）、これに基づき、具体的な計画の策定が、明治神宮造営局に委嘱され（一九一七年二月）、委員として古市公威、伊東忠太、佐野利器等、造園関係では川瀬善太郎、本多静六、原熙が任命された。実務を担当する責任者としては、明治神宮造営局に外苑課が設けられ、技師として折下吉延が、内苑整備と兼務することとなった。また、新たに本郷高徳が技師に任じられ、技手、嘱託等も任命された。

外苑計画説明書、計画図、工事概算書が策定され、造営局参与会議に附議、同評議員会の議決を経て、奉賛会に提出され決定された（一九一七年一二月）。図5-1が、決定された外苑平面

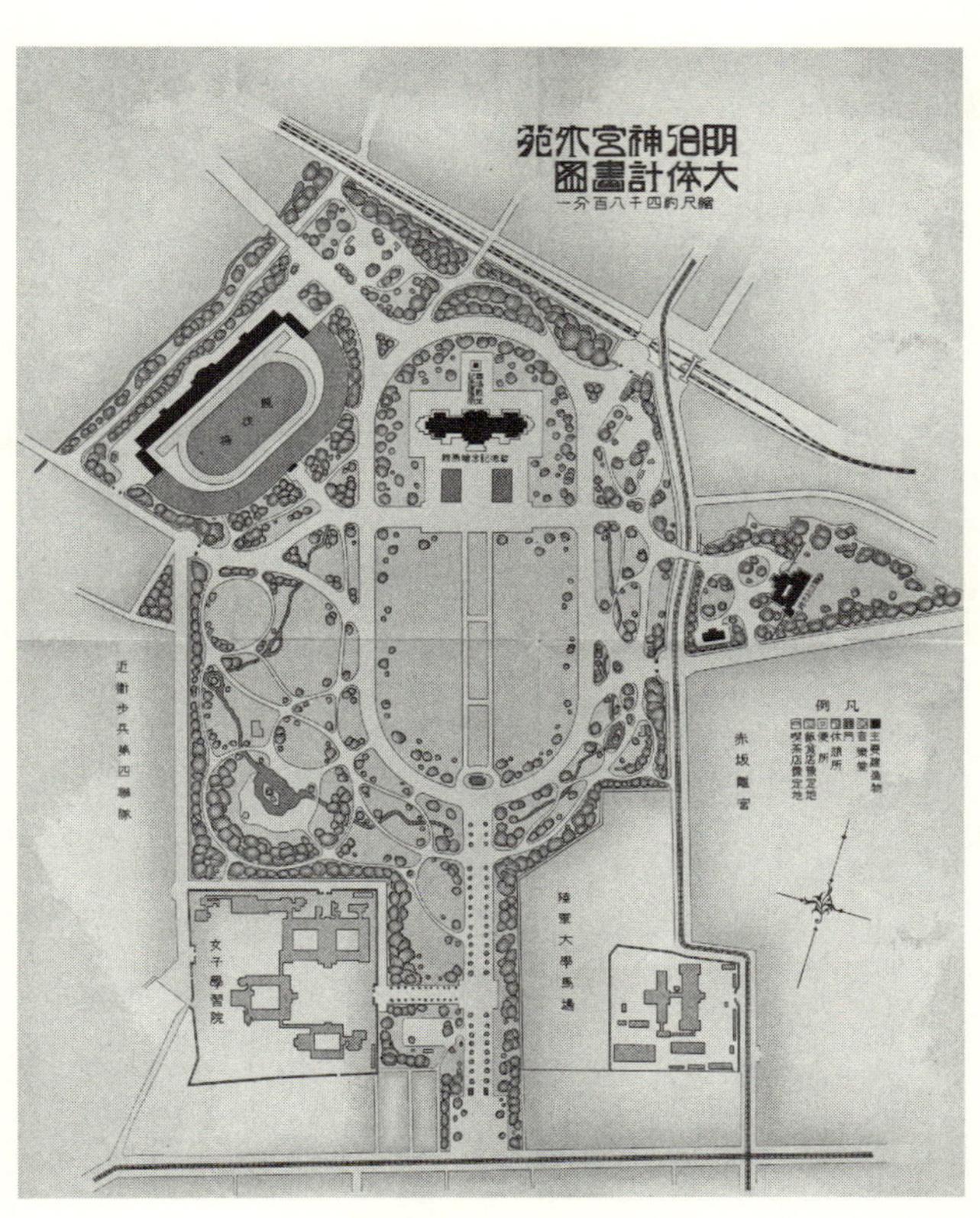

図 5–1　明治神宮外苑平面図(1917 年)

図であり、趣旨は次の通りである。

「内苑は社殿の在る所にして自から森厳荘重の気に充たざるべからず（略）、宜しく別に一区を設けて広大なる外苑を作り、先ず樹林泉池に依り力めて、天然の風致を作り以て公衆の優遊に任せる」

記念建造物としては、葬場殿址、聖徳記念絵画館、憲法記念館、競技場の四つの施設を設け、「丘を築き、水を流し、幽邃なる樹木と芝生」により天然の風致をつくり、「林泉」とすることが目標とされた。空間構造の特色は、まず葬場殿址を起点とし聖徳記念絵画館を配し、青山口のイチョウ並木に至る通景線（ヴィスタ）を通した。景観を阻害しないように、競技場は渋谷川の段丘崖を活用して北西部に計画され、権田原地区には憲法記念館が配された。

こうして創り出されたのが、中央部の広大な芝生広場である。芝生広場の縁辺部には疎林が配され、次第に密度を高め、樹林帯に移行する設計となっている。絵画館前から左右に、林間を流れる小川がつくられ、女子学習院隣接地には音楽堂を設ける計画であった。人びとが美しい林泉で文化を享受し、憩うことのできる空間が計画の原点であった。

外苑の「広場」は、蒼穹（そうきゅう）に繋がり、大正デモクラシー時代の息吹が伝わってくる。ディテールは隅々にまで配慮が行届いており、凜然（りんぜん）たる美により、広大な空間を支えている。総工費予

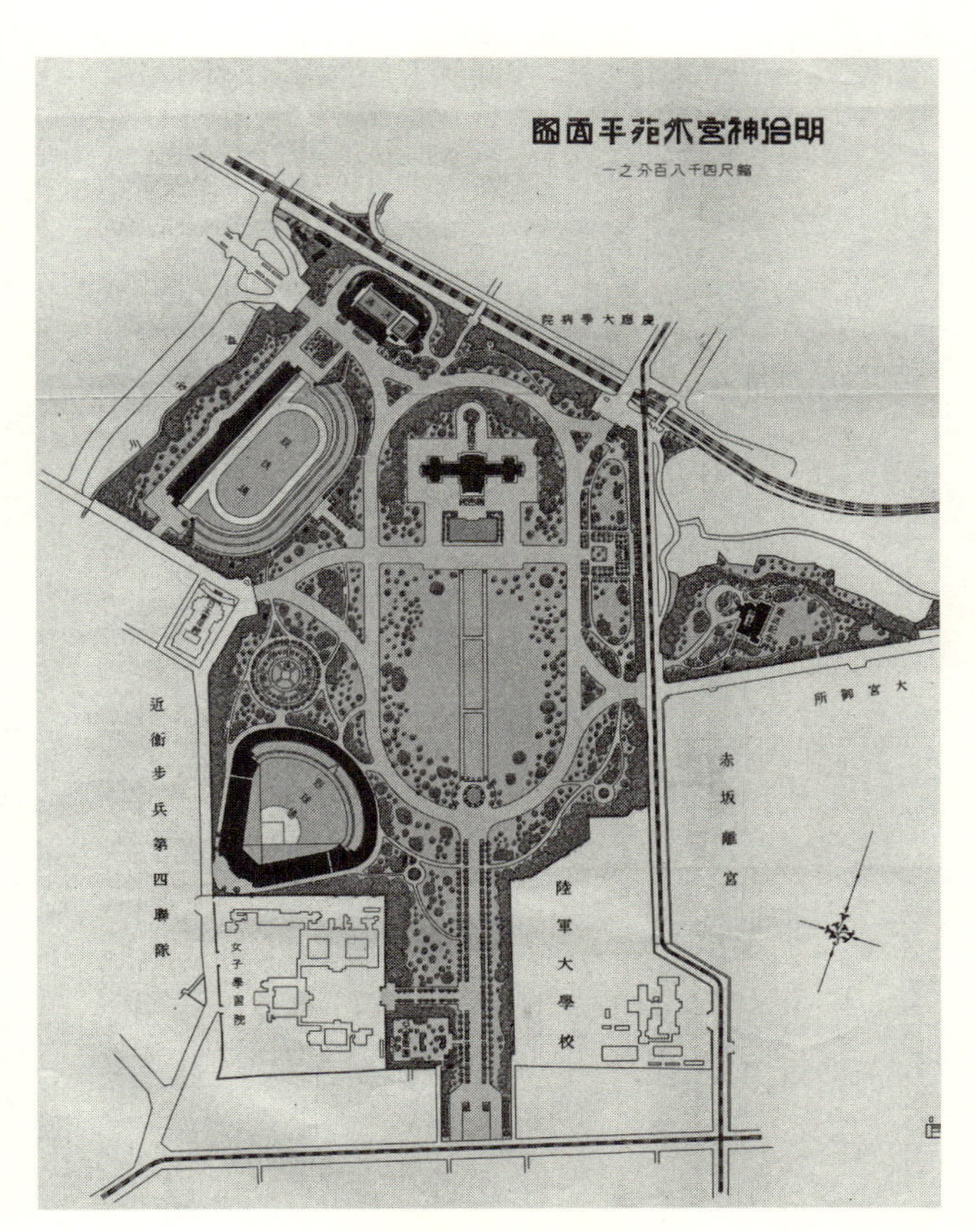

図 5-2　明治神宮外苑平面図(1926 年)

算は約四〇〇万円、この内、絵画館・憲法記念館・葬場殿址が約一四二万円(約三五%)、競技場・諸建築が約五五万円(約一三%)、庭園は約九二万円(約二三%)であった。しかしながら、第一次世界大戦の影響から物価・労賃が暴騰し、一九一九年三月、二〇〇万円を追加した。さらに関東大震災の発生、野球場の建設等が生じたため(図5-2)、最終の建設費は、当初の二倍の八一七万一五八八円となった。この内、庭園は、当初予算九二万六六一一円に対して、最終の工事費は、一一九万八七二五円であり、わずかに二七万円の増加にとどまった。関係者の苦渋は察してあまりあるものがある。このように、苦心の末、運動施設を包み込むように、百年の時を刻んできた樹木が、一瞬のうちに、切り倒されたのである。

はじめの一歩——土壌改良

外苑の整備が、まず林泉を支える土壌を創り出すことであったことは、重要であるため明記しておきたい。内苑は、古くからの武蔵野の樹林地・草地であり、湧水も豊かな地域であったが、外苑は青山練兵場として利用されていたため、表土は赤土が露出しており、しかも踏み固められていたため、土壌改良を行うことが最初に必要であった。図5-3は、外苑の表層土壌の深度を示したもので、一〇間(約一八メートル)のグリッドをつくり試掘(しくつ)が行われた。試掘は

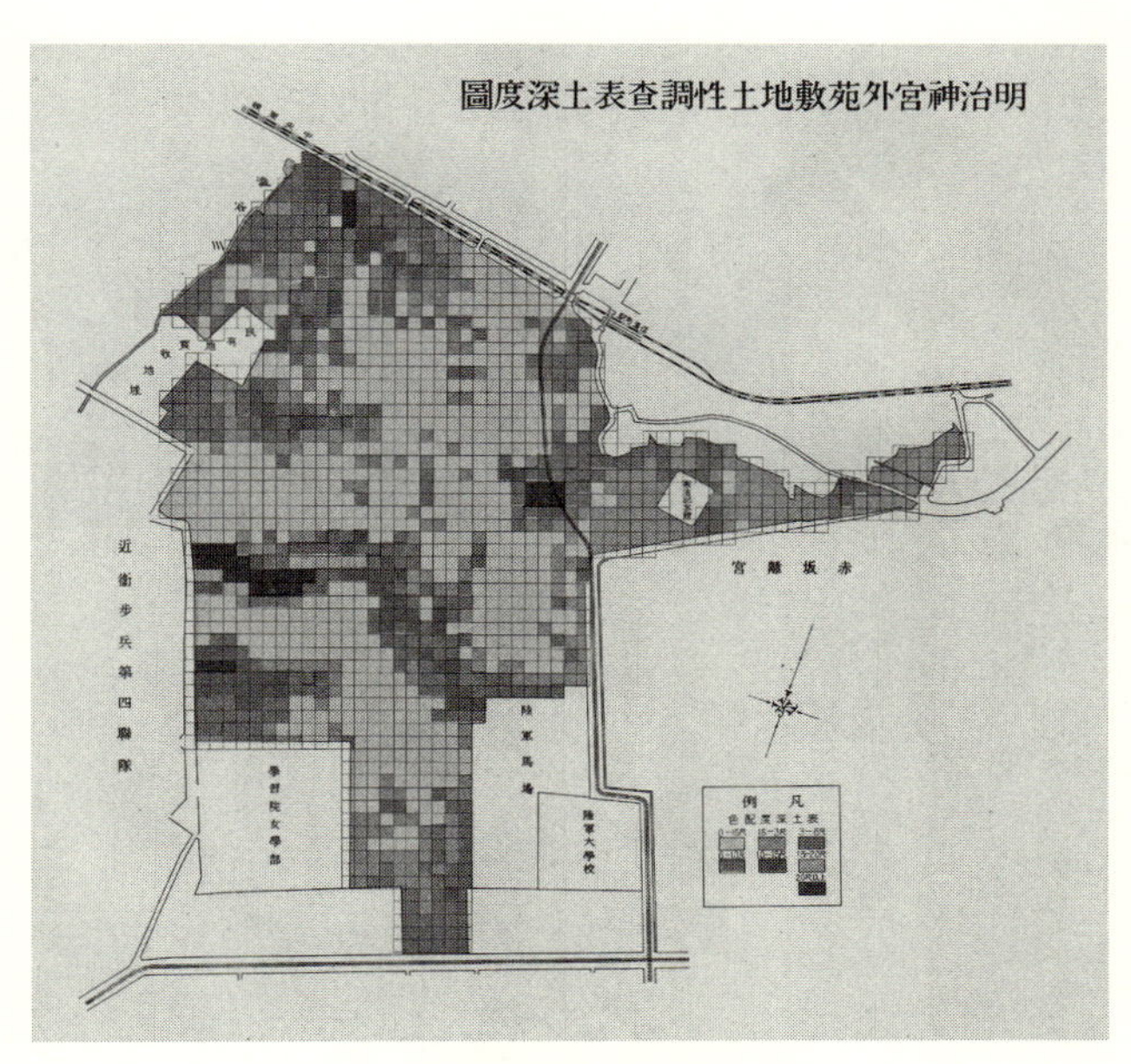

図 5-3　神宮外苑土性調査表土深度図

深さ三尺(約〇・九メートル)から二〇尺(約六メートル)以上に及んだ。これを踏まえて肥沃な土壌を掘り取り、脆弱なエリアへ客土が行われた。沃土は、二四万四二〇〇平方メートル、不良土は、窪地の埋め立てに用いられた。特に信濃町の千日谷峡谷は、外苑敷地より最深で一二メートルにも及ぶ窪地で、大量の不良土が投入された。さらに、土壌を肥沃にするため、東京市より外濠の浚渫泥土を譲り受け、隣接する陸軍大学校厩舎から厩肥を購入し、腐熟させ、肥料として土壌中に混和させた。図5-4は、

2　都市美運動・イチョウ並木・パークシステム

図 5–4　土壌の掘り取り運搬作業

青年団による土壌の掘り取りと運搬の作業風景である。機械力がなかった時代、まさに人海戦術であったことがわかる。

青年団の奉仕活動は、静岡県富士郡、新潟県東頸城(ひがしくびき)郡、京都府何鹿(いかるが)群、宮城県牡鹿(おしか)郡・加美(かみ)郡、広島県御調(みつぎ)郡、福岡県嘉穂(かほ)郡、岩手県江刺(えさし)郡、三重県安濃(あのう)郡、和歌山県海草(かいそう)郡、山口県都濃(つの)郡、大分県速見(はやみ)郡、新潟県南蒲原(みなみかんばら)郡、岐阜県安八(あんぱち)郡等、三六の青年団が、従事したと記録されている。外苑が全国の青年団の奉仕活動により創り出されたことは、深く銘記されなければならない。

一九一九年五月二四日、造営局技師の折下吉延は欧米視察を命じられ、横浜を出港。米、英、仏、独、スイス、オランダを歴訪し、都市計画、公園、庭園の調査を行い、一九二〇年一月二五日に帰朝した。これは、第一次世界大戦の影響で諸物価が高騰し、当初予算では工事が不可能となり、工事の進捗が止まっていたためで、この機会を利用し、折下の欧米の視察を、当時、奉賛会理事長だった阪谷芳郎が造営局と奉賛会の間を取り持ち実現したものであった。

帰朝後の折下の講演「都市の公園計画」には、この視察を通して学んだ考え方が端的に語られており、外苑計画が、庭園を超えて、都市のインフラ整備へと成長を遂げていったことがわかる。

「都市計画は百年百五十年という非常に遠大な計画を樹(た)てまして、永遠の目標を定めて予め計画を樹てるのであります。このため、公園計画は必須であります」

折下は、首都ワシントンの遷都百年を記念して策定された「マクミラン計画」の資料を収集し、パークシステムが、都市全体を形づくる新しい計画手法であることを見出した。この計画は、ピエール・ランファンにより創り出された首都計画(一七九一年)を、南北戦争の混乱を乗り越え、抜本的に改良する目的で、上院に設立された委員会により策定されたもので、正式名称は「コロンビア区のパークシステムの改良について」(*The Improvement of the Park System of the*

District of Columbia、一九〇二年)である。目標は、急激な人口増加に直面していた首都の品格の形成、国会議事堂直下を走る鉄道の移設とモールの整備、公共建築の秩序ある配置、首都全域を対象とするパークシステムの整備であり、アメリカで最初の「総合計画」となった。国会議事堂前のモール、ホワイトハウス、スミソニアン美術館等を首都の品格を形成するコアとして位置づけ、要所に公園、樹木園を配し、ポトマック河畔と結ぶパークシステムが構築された。

折下が遷都百年を記念する計画内容を詳細に調査したことには理由がある。折下を送り出した阪谷は、東京市長を一九一二～一五年まで務めたが、前任の東京市長が尾崎行雄であった。日本の桜は、幕末の頃から海外で有名となっており、一九〇九年四月、首都改良計画を所管する合衆国陸軍公共建築・土地部局はタフト大統領夫人の勧めにより、ポトマック河畔に桜を植樹することを東京市に打診し、同年八月、尾崎は桜の寄贈を決定した。桜樹二〇〇〇本は、同年一一月二四日、日本郵船加賀丸にて横浜を出港。シアトルを経て、一九一〇年一月六日にワシントンに到着した。しかし、寄贈された苗木は合衆国に存在しない病虫害に侵されていたため、一月二六日、すべて焼却処分となった。日米関係者の落胆は、ひとかたならぬものがあったが、合衆国側は、再度、東京市に桜の寄贈を要請し、日本側は速やかに桜樹苗木の栽培を開始した。苗木は、荒川堤より五色桜等が採取され、育成された。この三〇二〇本の苗木が再度、ワシントンに到着し、記念植樹が行われたのは、一九一二年三月二七日、これが今日のポトマック河畔の桜の起源である。合衆国から返礼として贈られたアメリカハナミズキは四〇本、一世紀の時を超えて、全国の公園、街路樹、家庭で愛される樹木となっている。タフト大統領夫人に日本の桜の文化的意味を説き、ポトマック河畔への植樹を勧めたのが、エリザ・シドモアであり、横浜の港を望む外国人墓地に眠っている。

首都ワシントン計画の実施に伴い、都市美運動は大きなうねりとなって、全米各地に広がっていった。なかでも、ミズーリ川とカンザス川が合流する地点にあるカンザスシティは、南北戦争終結後、急成長を遂げていた。都市計画という専門領域はなかったが、ジョージ・ケスラーが公園を基盤として都市を整備すべきと唱え、事業者と住民が主体となる「自治体改良協会」が一八九二年に設立された。公園委員会が設立され、優れた自然環境を保全し、要所に公園を整備し、美しい並木道で連結させるパークシステムは、公園区を設定し、それぞれの公園区における費用は、区域内の住民が受ける便益に応じて算定された特別賦課金（ふか）により整備された。公園区を設定し、「公園・ブールヴァール税」を徴収する手法は、シカゴ市で導入されたもので、衛生局長を務めた医学博士のジョン・ラウチにより、『パブリック・パーク』（一八六九年）という報告書が作成されており、「都市の肺」をつくる衛生上の観点からも研究が行われていた。この報告書は岩倉使節団の一員として合衆国に渡った畠山義成も入手しており、財源は大きな課題であったことがわかる。この試みは、都市改良(Civic Improvement)から都市計画(City Planning)という新しい職能を生み出していく契機となった。日本では、一九一六年に、片岡安が『現代都市之研究』を著し、最新の事例として、カンザスシティを紹介した。都市美運動が、日本で最初に開花したのは、大阪中之島公園で、公会堂は、岩本栄之助が私財を寄付し、一九一三年に着工、一九一八年に竣工した。経済人がまちをつくるという気概を持ち、原動力となっていた。岩本は、第一次世界大戦による株式相場の変動により大きな損失を被り、公会堂の完成を見ることなく亡くなった。

図 5–5　カンザスシティ，パセオ

図5–5は、折下が実査したカンザスシティの並木道、パセオである。折下は、次のように書き添えている。

「歩道が如何に気持ちよきかに注意せられよ」

イチョウ並木の誕生

折下の帰朝後、外苑の表玄関となる青山口のイチョウ並木は、四列と設計が変更され、一九二三年春に本植栽が行われた。イチョウの目通り周りは一尺五寸（約四五センチメートル）ほどであったと記録されている。イチョウの由来を、折下は次のように述べている。

「私はあの銀杏の種子を蒔いた。明治四三年頃代々木御料地——いまの明治神宮の御敷地全体をそう呼んでいた——に五、六反歩の苗圃をつくった。当時私は宮内省に奉職し新宿御苑と代々木御料地を管理していた。その苗圃に園丁達と共に銀杏五、六千本の種子を蒔いた（略）。その後、大正六年に外苑の鮫ケ橋苗圃へ移植したのであるが、以来いよいよ順調に生育してくれて六年の歳月を経た。愈々外苑の設計も進み、並木にどんな木をうえるかということが技師、参与、評議員の間で問題になるようになった。議論百出なかなかきまらなかったが、一日関係者を鮫ケ橋圃場に案内してこの銀杏の若木を見せるに及んで、この木を植えることに誰一人不賛成を唱えるものはなかった」

こうして、イチョウ並木は誕生した。絵画館に向かって四列・一二八本、途中、女子学習院正門へのエントランスとして二列・一八本、合計一四六本の堂々たる並木道が創り出された（図5-6）。隣接する緑地も包含すると幅員一〇〇メートル以上に及ぶもので、一六・三メートル(約九間)の車道をはさみ、両側に二列ずつ(植栽帯は二間、約三・六メートル)、歩道は四・五メートル(約二・五間)である。百年を経て、現在は、目通り周り約一八〇センチメートルとなった。このイチョウは、元高遠藩下屋敷(現在の新宿御苑)の玉川上水沿いの「火防樹」が母樹である。新宿御苑のイチョウは、現在、約三〇〇歳。目通り周り約四〇〇センチメートルの巨樹となり、並木道も現存している。したがって、外苑のイチョウを未来に繋いでいくためには、巨樹となることを踏まえて、隣接する緑地の保全は必須である。

図 5–6　創建時のイチョウ並木(1930年代)

関東大震災の発生とパークシステム

外苑工事は、予算が追加され順調に推移するものと思われた矢先、一九二三年九月、関東大震災が起こった。東京、横浜は焦土と化した。東京市では、人口二三〇万九〇〇〇人のうち、被災者は一四八万四〇〇〇人、焼失家屋は二一万五〇〇〇棟にのぼった。最も悲惨を極めたのは、本所・陸軍被服廠跡に避難した人びと三万八〇〇〇人が猛火につつまれて亡くなられたことであった。樹林帯のない空き地であったため、避難した人びとの家財道具に引火し、大惨事となった。

公園は避難地となり、避難した人びとの数は、上野公園(五〇万人)、日比谷公園(一五万人)、芝公園(二〇万人)、浅草公園(一〇万人)、宮城外苑(三〇万人)等であった。

震災の翌日、山本内閣が発足、後藤新平が内務大臣となり、九月六日には、「帝都復興の儀」が閣議に付された。九月一二日には、天皇による「帝都復興に関する詔書」が出され、九月二七日、帝都復興院が設置された。公園については、次の方針が定められた。

①既存の公園を整理拡張すると同時に、大、中、小の公園を配し、公園道路、広路、幹線道路により連絡せしめ全市の公園を有機的に活用せしむること。

②河海濠池の沿岸はなるべくこれを公園または、公園連絡広路とすること。

③平時には保健の用に資し、非常時には安全に避難せしむる目的として設計すること。

明治神宮造営局のスタッフは、震災復興に携わることとなった。国施行で大公園として、浜町、隅田、錦糸、野毛山、山下、神奈川の六公園が新設された。浜町公園には、明治座から公園に至るアプローチとして四列の並木道が設けられた。隅田公園は旧墨堤を拡幅し、三列の桜並木とし、帝都復興の桜の名所とした。錦糸公園は青少年の運動場、児童遊戯場として整備さ

浜町公園

隅田公園

錦糸公園

東京駅八重洲口

山下公園・錦糸公園

図 5–7　帝都復興事業により整備された公園と街路

れた。横浜の山下公園は、港・横浜を象徴する、日本で初めてのウォーターフロント・パークとなった（図5-7）。

東京市では市域の約四三・五％（三四七〇ヘクタール）が焼失し、その約九〇％に土地区画整理事業が導入され、五二の小公園が創り出された。御徒町、元町、神田、元加賀公園、小学校等と一体となったコミュニティ公園が誕生した。凶漢に刺されて逝った安田善次郎は、後藤新平と親交があり、その遺志により安田邸跡（安田庭園）が寄付された。芝離宮・猿江御料地の下賜、岩崎別邸の寄付（清澄庭園）等、東京の公園ストックに大きな貢献がなされた。非焼失区域の白金火薬庫跡、大塚兵器所、陸軍戸山学校、練兵場等を広幅員街路、幹線道路で結び、延遮断帯で市街地を安全な街区に分節する「防災都市計画型パークシステム」が取り入れられた。帝都復興計画は予算の関係から大幅に縮小されたが、後に第二次世界大戦により焦土と化した全国の主要都市の復興事業で活かされることとなった。

図5-8は、帝都復興計画における、復興公園の神宮内苑・外苑エリアを示したものである。内苑・外苑は「準公園」として位置づけられ、表参道、裏参道がこれを結び、日本初のパークシステムが形づくられた（図5-9）。「伝統と革新」の融合により、次世代を切り拓いていく都市づくりの端緒となった。

図 5-8　帝都復興事業における内苑・外苑(準公園)(公益財団法人後藤・安田記念東京都市研究所市政専門図書館所蔵)

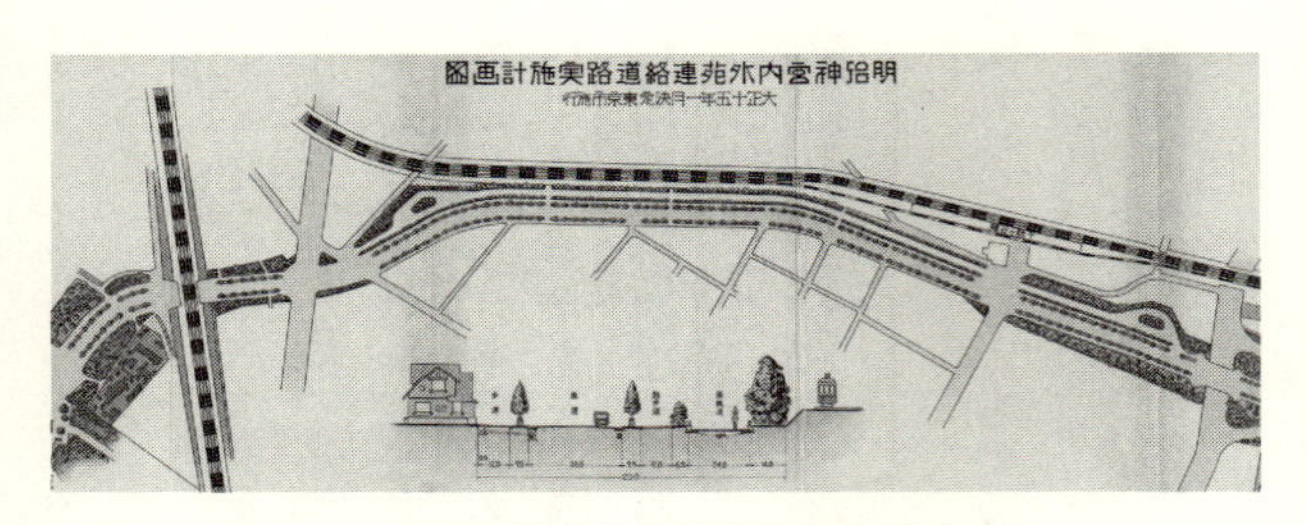

図 5-9　明治神宮内外苑連絡道路(裏参道)

連絡道路(現在のＪＲ総武線代々木駅―信濃町駅)の幅員は一二〇メートル、車道は三六メートル、二列のイチョウ並木と、総武線に沿って、乗馬道(幅員二四メートルと植樹帯一四メートル)が整備された(図5-10)。しかし、この連絡道路は一九六四年のオリンピックの際に、首都高速道路が上空に整備され、高架下の駐車場となり、面影はとどめていない。わずかな残地は、「裏参道児童遊園」となっているが、安全な環境ではない。イチョウ並木は健在であり、外苑のイチョウ並木と同じ由来である(図5-11)。

図 5-10　内外苑連絡道路(裏参道, 1934 年)(出所：東京府土木部「東京府風致地区改善施設概要」)

図 5-11　裏参道イチョウ街路樹

3 ナンジャモンジャ物語

外苑の最も古い主は、ナンジャモンジャである。江戸時代、現在の外苑となっている青山三筋町に、初夏に雪のように白い花をつけるめずらしい木があった。誰も何の木かわからず、「ナンジャモンジャ」と言われてきた。人びとに愛され、明治天皇もことのほか大事にされた。聖徳記念絵画館の第七四番の絵画は、凱旋観兵式のものであるが、背景には、満開の花が描かれている。この樹の学名は、ヒトツバタゴ(Chionanthus retusus モクセイ科)で、落葉高木、大きいものでは、高さは一〇〜一五メートルになる。陽光を好む華やかな樹木であり、日本では愛知県・岐阜県・三重県の一部、そして対馬にのみ分布していた。永井荷風は、『日和下駄』(一九一四年)に次のように著している。

「都下の樹木にして以上の外なお有名なるは青山練兵場内のナンジャモンジャの木」

この樹木に関する最も古い記録は、一九二四年に発刊された『天然紀念物調査報告 植物之部』(内務省)で、執筆者は帝国農科大学教授で史蹟名勝天然紀年物調査会委員を務めた白井光太郎である。「この木は、維新前よりこの地にあり、明治十八年、青山練兵場設置の際は、旧青山三筋町二丁目八番萩原三之助の邸内にあった」と記されている。路傍に添った位置にあり、年々開花し、めずらしい樹木であったが、その名前を知る人がなく、ナンジャモンジャ、もしくは地名により「六道木」と呼ばれていたと記載されている(図5-12)。青山練兵場を整備する際に所有者より「金一八圓」にて買い上げ、人家が取り払われた後もそのまま現地に保存された。この地は天保年間の『廣益諸家人名録』では、紀州本草家、坂本浩然の家居が青山六道辻とあり、おそらく同氏がその家居に移植したものではないかと白井は述べている。一九〇三年頃になると、樹木の周りの盛土が崩れ始め、このままでは枯死の危険性が生じたため、白井が詳細な調査を行い、保護のために天然記念物の指定願いを出し、明治天皇もその請願書をお読みになられたと記載されている。一九二四年に天然記念物に指定されたが、一九三三年に樹齢、百数十年で、ベッコウダケの被害で枯死した。実生(みしょう)で増やしていくことが困難な樹木であったが、駒場農科大学植物園掛の中山直正が、根接(ねつぎ)という方法で、苗木をつくることに成功し、小石川植物園、その他、二、三の所に分根があ

図5-12　ナンジャモンジャ(1884年)

図5–13　絵画館前の3代目ヒトツバタゴ

ると、白井は記載している。外苑の二代目は、初代と同じ場所に植えられたが、戦後テニスコート整備のために絵画館前に移植され、枯死した。現在は三代目となる(図5–13)。

根接により誕生した二代目は、他に、どこに現存しているのか調査を行った。その結果、樹高・幹回り・歴史的経緯から判断して、外苑内に二本、東大安田講堂横に一本、現存しており、小石川植物園の青山練兵場由来のヒトツバタゴは、残念ながら、一九八〇年代に枯死したことがわかった(小石川植物園育成部の調査と記録に基づく)。もう一本は、台東区御徒町公園に現存している。この樹は関東大震災直後、御徒町公園の近くに住んでいた荒沢英二郎が、青山練兵場の近くに居住していた親族が実生より育てたものを譲り受け、大切に育てていた。自宅を建て替える時に、台東区に相談したところ、公園へ移植することとなり、保存されたことがわかった。互いの協力が実を結んだ好例である。御徒町公園は、関東大震災の復興で東京市が小中学校と公園を隣り合わせで整備し、コミュニティ公園としたもので、歴史的に極めて重要な公園である。

戦後、ヒトツバタゴに新しい展開があった。後に外苑苑長となった伊丹安廣が、吉祥寺の自宅で育てた苗を外苑で育てたところ、実生から苗を育てることに成功した。この親木は、戦前、親族が、李王家より「めずらしい樹木である」と、拝受したものであったという。外苑内の苗圃で種子を育成し市民に無償で配布し、「ナンジャモンジャを育てる会」が発足した。この結果、全国各地に広がった。

このように、明治天皇、永井荷風、白井光太郎、李王家、多くの人びとにより慈しまれてきたナンジャモンジャであるが、外苑再開発で壊滅的打撃をうける。外苑の二代目は、枯死したとされているが、二代目と推定されるナンジャモンジャの大木が、女子学習院の正門横(現在の秩父宮ラグビー場入口)にある。もう一本は、現在、伐採が行われている建国記念文庫の杜にある。霞ケ丘門の入り口にあり、陽光の燦燦(さんさん)と降り注ぐ立地である。この樹は移植が予定されている。このように、江戸期以来の、ナンジャモンジャの物語は、遂に、ついえることになる。かつて、「樹木は文化」として社会は敬意をもって尊重していた。心優しい伝統は、失われてしまうのであろうか?

4　近代スポーツ揺籃の地

関東大震災により、整備中だった外苑には、まず中央広場、ついで現在の野球場地区、イチョウ並木西側地区に仮設住宅四一棟が建てられ、公衆浴場、学校、公設市場が建設された。すべてが撤収されたのは、一九二五年春であった。競技場は仮設住宅敷地とならなかったため、一九二四年一〇月に予定通り竣工した。

外苑に競技場を建設することが、奉賛会により当初から計画されていたことは、近代オリンピックの誕生と関係している。第一回近代オリンピックは、一八九六年にアテネで開催された。クーベルタンの呼びかけで、嘉納治五郎がアジアで初めてのＩＯＣ委員に選出され、一九一一年には大日本体育協会が設立された。日本の初参加は、第五回ストックホルム大会(一九一二年五～七月)であり、直後に明治天皇が崩御された。嘉納は、競技場を建設することを阪谷に説き、奉賛会はこれに賛同し決定された。当該地区は、外苑敷地の北西部境界を流れる渋谷川と河岸段丘間の沖積低地と斜面地であり、台地上のエリアとは約七メートルの落差があった。外苑の風致を守るため、この落差を活用し、段丘崖に沿った斜面地を芝生の観覧席とし、最も低い渋谷川沿いをメインスタンドとし、一部、民有地を買収し整備された。ランニング・トラックは、直線部で長さ二一八メートル、トラックに囲まれたフィールドには一面に芝がはられ、ラグビー、籠球場、排球場、ホッケー等にも活用され、南側に走高跳び、砲丸投げ、棒高跳び等、各種の競技場が配置された。

竣工は一九二四年一〇月二五日、時を置かず一〇月三〇日に第一回明治神宮競技大会が開催され、大成功をおさめた(内務省主催)。現在は国民体育大会として継承されている。この大会後、外苑内に野球場、相撲場、水泳場を建設する要請が、それぞれのスポーツ団体から強く出されることとなった。陸上競技場の堂々たる威容を目の当たりにし、その声は日々増大していった。造営局は、この時流の変化に、当初は大きな戸惑いをみせた。外苑を「林泉」とする計画は大正初年より、幾多の困難を乗り越えながら、あと一歩のところまで到達していたからである。困難を極めた土壌改良も、青年団の献身的働きで完了していた。造営局は、内務省、奉賛会と慎重に審議を重ねた。一九二五年一〇月、奉賛会は「時代の要求に鑑(かんが)みて、既定計画の一部を変更して新たに野球場及び相撲場の二大工事を追加する」決定を行った。「工費は追加に追加を重ね、ついに八百三十五万余円の巨額」となった。しかし、奉賛会理事長阪谷は、「林泉」とする方針を貫くものとし、風致を損なわないよう、野球場、相撲場の建設には特段の配慮が行われた。

神宮球場

神宮球場(図5-14)が建設された場所は、当初計画では、絵画館より流れる小川に沿って池泉をつくり、樹林帯を背景とした音楽堂をつくる予定地であった。景観を損なわないようにするため、敷地を七尺(約二・一メートル)掘り下げ、スタンドの高さを制限し、外野方面には樹林帯が設けられた。着工は一九二五年一二月である。掘り取った土砂は、府下中学生二〇〇〇名も参加し、運搬作業にあたった。当初は予算不足で、一旦、竣工はしたが、「野球熱は熾烈を極め、六大学リーグ戦の如きは、観衆潮の如く殺到し、到底これを収容するを得ず」とあり、東京六大学野球連盟が追加工事費を捻出し、拡張工事が行われた。全面積は約七二一五坪(三万三八五一平方メートル)、収容人数は当初、スタンド観覧席約九〇〇〇人、芝生観覧席約二万二〇〇〇人であったが、一九三一年には五万五〇〇〇人となった。一九三四年には、ベーブ・

図5-14　風景式庭園と調和した近代スポーツ揺籃の地

ルースが来日するなど、神宮球場は日米野球の舞台ともなり、数々の歴史を刻んできた。一九四三年四月、東京六大学野球リーグ戦は、中止となった。

相撲場

相撲場は、加藤隆世・相撲協会幹部等が阪谷理事長に懇請し、建設されることとなった。位置は、野球場の北に隣接する地と決定された。道路面より、一四・九尺（約四・五メートル）の深さに掘り下げ、周囲には、植樹帯が設けられ、景観の維持に細心の注意が払われた。着工は一九二六年七月、竣工は同一〇月であったため、わずか四カ月の工期であった。戦後、相撲場は接収されボクシング場となったが、国技館が接収されていたため、一九四七年の大相撲夏場所と秋場所は、この地で開催された。いずれも横綱羽黒山（はぐろやま）が優勝し、国技が復活した。その後、ここには第二球場が建設されたが、樹林帯は、当初の計画である「林泉の中のスポーツ」の理想を貫き、保存されてきた。二〇二四年一〇～一二月にかけて、強行伐採されたのは、この樹林帯である。

水泳場

水泳場(図5―15)は予算がなかったため、他日を期すこととされ、予定地のみが確保された。しかし、一九二九年一二月、大日本体育協会会長岸清一及び日本水上競技連盟会長末弘厳太郎より、奉賛会理事長阪谷に懇請があり、建設工事費は寄付金を募集し献納することとなった。一九三〇年の極東選手権競技大会に使用できるように整備が行われることとなり、二期に分けて整備された。戦後間もない一九四八年、日本選手権水泳競技大会において古橋廣之進が、自由型一五〇〇メートル、同四〇〇メートルで当時の世界記録を大幅に上回る記録を達成したことでも知られている。

図5-15　樹林帯に囲まれた水泳場

水泳場は、老朽化のため、二〇〇二年に解体され、二〇一七年七月、閉鎖となった。日本水泳揺籃(ようらん)の地は、現在、ホテルとなっており、創建時の「公」の理想は、ついに終止符が打たれた。

外苑奉献時の約束

「公衆の優遊の場」における「公」、すなわち「パブリック」の意味は、「社会の構成員の誰をも排除しない」ことを意味する。「公」が際限なく、他者を排除する「私」へと変貌する力学が、社会的共通資本の持続性(サステイナビリティ)を脅かすものである。

日本において、「近代スポーツ」という「夢」を育成していく「空間の青写真」は、ついに存在しなかった。いかに崇高な精神が語られても、それを支える空間の「実」がない限り、残された道は、力と政治力による熾烈な空間争奪戦となる。二度のオリンピック(一九六四年、二〇二一年)の開催における会場計画、そして究極の姿が現在の再開発事業である。「公」は切り取られ、葬り去られた。高らかにスポーツ精神を謳ってきた人びとは、一世紀の結末として、文化資産としての外苑が超高層ビルの谷間に沈むことに、如何なる責務を負うのであろうか。

このような帰結を案ずると思われる一札が、一九二六年一〇月二二日、外苑を、明治神宮に奉献するにあたり、奉賛会会長徳川家達から、明治神宮宮司一戸兵衛に入れられている。

「外苑将来の希望」

外苑は、一九一二年七月三〇日の明治天皇崩御以来、全国民の熱誠をこめた志願によりつくりだされ、奉賛会一同は、爾来(じらい)、十数年の歳月をかけ、事にあたってきた。外苑の経営は多年にわたる大事業であり、奉賛会の会員は十万七千余人、賛助員七〇〇万人、献金・御下賜金・利息を合わせて、事業費は九九九万円、一人の未納者もいなかった。いまや外苑全部を貴職(明治神宮)に引き継ぐにあたり、将来の希望を、次の通り申し入れる。

一　外苑は、国民多数の誠意から明治神宮に奉献するものであるため、遊覧を主とする場所、例えば、上野、浅草公園とは性質を異にする。したがって理想を守り、明治神宮に関係のないような建物の建設や博覧会等の利用は無いようにしていただきたい。

二　外苑は常に清浄を保ち、修理を怠らないように、深く注意していただきたい。

三　外苑の美観を統一し、永遠に保持するためには、専門委員を常設し、奉献の申し出があった場合には、意見を聴取し、許諾を決する等の方法を探るべきである。

戦後、外苑は、政教分離政策により自立の道を歩むこととなったが、百年前の約束が、完膚無きまで、反故にされている今日の状況を、泉下の徳川家達、渋沢栄一、阪谷芳郎、三井八郎右衛門、国民は、如何なる思いで明治神宮を見ているのであろうか。

5　外苑を襲う荒波

学徒出陣壮行会

外苑は、明治神宮へ奉献され、奉賛会は、そのすべての役割を終え、一九三七年四月一九日、憲法記念館で解散式を行った。

図 5-16　1943 年，明治神宮外苑競技場にて行われた学徒出陣壮行会（提供：毎日新聞社）

時代は戦争への道を歩んでいった。ＩＯＣは、一九三六年に第一二回オリンピック開催地を東京と決定した。しかしながら、日中戦争の激化に伴い、一九三八年七月、日本は開催を返上した。一九四〇年一一月、明治神宮は内務省神祇(じんぎ)院の所管となった。一九四一年一二月八日、真珠湾攻撃により太平洋戦争が始まり、外苑は陸軍の陣地となった。戦局の悪化に伴い、一九四三年一〇月二日、「在学徴集延期臨時特例」により全国の大学、高等学校、専門学校の文科系学生・生徒の徴兵猶予が停止された。これにより、同年一二月、約一〇万の学徒が戦場へ赴くことになった。「学徒出陣」である。

一九四三年一〇月二一日、神宮外苑競技場において、東京周辺七七校からの出陣学徒の壮行会が挙行された（図5-16）。降りしきる秋雨をついて、銃を肩にした出陣学徒が分列行進を行った。

敗戦と連合国軍総司令部（GHQ）による接収

一九四五年八月一五日、日本はポツダム宣言を受諾し、終戦の日を迎えた。外苑は、九月一五日、米軍グローリー少佐以下約五〇〇名が進駐し、絵画館、競技場、続いて神宮球場、相撲場、水泳場、日本青年館が接収された。

「かの美しかった中央広場芝生内の二条の歩道は埋め立てられて米軍用の簡易運動場となり、絵画館前の広場では兵士が訓練をするという有様であった」（田阪美徳氏筆記）

競技場は「ナイルキニック・スタジアム」、野球場は「ステートサイド・パーク」と名付けられ、進駐軍専用として使用されることとなった。芝生広場には、ソフトボールグランド二面、テニスコート八面、バレーボールコート二面等が設置された。接収の全面解除は、一九五二年三月三一日であった。いまだに戦後を引きずっているのが、フェンスに囲まれた芝生広場である。再開発により会員制テニスクラブが建設され、真ん中に通路を通すことが計画されているが、広場と細長い通路は本質が異なる。公共の福祉を旨とすべき自治体が、一部の開発者の利潤追求を支え、文化すら顧みない現実が、外苑を襲う荒波の猛々しさを物語っている。

政教分離と外苑の自立

一九四六年一一月三日、日本国憲法が公布され、第二〇条において「信教の自由は、何人に対してもこれを保障する。いかなる宗教団体も、国から特権を受け、又は政治上の権力を行使してはならない」と定められた。一九五一年四月三日、宗教法人法が公布され、即日施行された。これに基づき、同年一〇月二二日、明治神宮は宗教法人として再発足した。

この間、一九四七年の法律第五三号「社寺等に無償で貸し付けてある国有財産の処分に関する法律」が公布され、内外苑の境内地譲与問題が発生した。この法律に従って、全国各地に社寺境内地処分中央審査会が設置された。明治神宮は、一九四八年四月二七日、無償譲与地（約七四ヘクタール、主として内苑境内地）、時価半額払下げ申請地（約四六ヘクタール、主として外苑）の申請書を提出した。内苑に関しては、一九五二年一二月一六日付で、申請境内地のうち約六八ヘクタールが無償譲与されることになった。

外苑に関しては、明治神宮は、時価の半額での譲渡を申請していたが、これが実現したのは、一九五六年一二月二五日であり、申請から八年をかけた外苑の存亡にかかわる戦いがあった。

以下、この戦いの論点と経緯を簡潔に述べる。

論点は、文部省と明治神宮の外苑に対する考え方の相違にあった。文部省案は、接収解除後、「外苑の競技施設の所管は文部省が担い、各体育団体の運営委員会がこれを運営する」というものであった。これに対して明治神宮側の考えは、創建以来の「内外苑一体を以って、神宮の境域となす」という理念を一歩も譲ることはできないというものであった。

硬直した事態を打開するため、明治神宮は、一九五一年一二月五日、大蔵省に陳情書を提出し、さらに一二月二一日開催の境内地処分審査会に外苑管理計画書、規程案、収支見込書等を提出した。日本学生野球協会、日本陸上競技連盟、日本水泳連盟にも働きかけ、いずれも神宮案に賛成する決議を取り付けた。まさに、外苑の存亡をかけた戦いが展開されたのである。

一九五二年一月二一日、文部省社会教育局は、外苑競技施設の管理について、明治神宮に、取り決めの文書を提示した。第一に、外苑は学生を含め国民がいつでも公平に使用できること。第二に、アマチュアスポーツの趣旨に則り使用料ならびに入場料は極めて低廉であること。第三に、施設を絶えず補修しうる経費の見通しがあること。第四に、関係団体を含めて民主的な運営管理をすること。明治神宮は、異存はないと速やかに回答を行い、この誓約に基づき、外苑は、国から時価の半額で払い下げを受けることとなったのである。

外苑の運営に関しては、「明治神宮外苑運営委員会」が神宮の機関として設置されることとなり、一九五二年三月二二日、運営委員会が発足した。委員長には鷹司信輔宮司、各体育協会会長、外苑造成時の当事者としては小林政一(建築)、折下吉延(林苑)が就任した。

一九五二年一二月一六日、境内地処分中央審査会で、外苑を主とする敷地約五〇ヘクタールについて時価半額払下げが適当との決定をみた。時価の評価については大蔵省で検討されたが、その額は相当なものになることが予想された。折から、東京オリンピックの開催を外苑で行うことが検討され、慎重な審議が行われた結果、明治神宮総代会、外苑運営委員会は、競技場を国に譲渡する決定を行った。一九五六年一一月二五日、外苑競技場惜別奉告祭が執り行われ、三〇日に競技場及び周辺の土地一切(約五・七ヘクタール)が譲渡された。売り払い金額は五億五一〇五万五四七八円であった。続いて一二月二五日、国と明治神宮は国有境内地売買契約を締結し、一〇年の割賦により納付することとなった。このように、外苑は、単なる私有地ではなく、明治神宮が存亡をかけた戦いにより「アマチュアスポーツの精神を遵守し、民主的運営をする」という誓約のもと、国民からの信託をうけることのできた社会的共通資本である。

アマチュアスポーツの精神

外苑は、様々な収益施設を導入し、今日に至る。一九九六年、七〇周年を迎えた年、明治神宮は、次のように述べている(『明治神宮外苑七十年誌』)。

「神宮外苑は、四季を通じて、銀杏並木をはじめとする緑濃き樹木や色とりどりの花々で、訪れる都民にオアシスを提供してきた。都市公園法で都市計画公園と規定されてはいるが、一般の公園とは異なり、昔も今も「神苑」であることに変わりはない。将来のビジョンも、やはり外苑創建の精神に則ったものでなければならない。すなわち、都市再開発や建築物の高層化などへの安易な同調を排し、緑を大切にしながら、文化施設やスポーツ施設の充実という枠組みにおいて、人間の心と身体が活性化していける環境づくりに貢献していくことである」

「また、都市の環境保全、地震・災害時の安全確保の面でも、神宮外苑の担う役割は重要である。これについては、皇居・東宮御所・日比谷公園・新宿御苑といった都心の緑地全体を視野におき、国や東京都、都市計画に精通した専門家と歩調を合わせて、総合的な将来計画を摸索していくことになろう」

創建の志をつなぐ言葉である。創建時より約一世紀の歳月が流れたが、この高らかな志は、何処に消えたのであろうか。

第六章

不都合な真実

——怒濤の規制緩和

文化の切断．伐採が強行された神宮外苑．右上は，保存要請が出されていた霞ケ丘門のスダジイ(2024 年 12 月 17 日)．左は，強行伐採の様子(2024 年 12 月 18 日)．右下は，切り株が横たわる姿(2024 年 12 月 19 日)

1　外苑再開発事業の構図

外苑再開発により、現在の秩父宮ラグビー場と神宮球場を取り壊し、互いの施設の位置を入れ替え、高さ一九〇メートル、一八五メートルの超高層ビル二棟、高さ八〇メートルのビル、高さ六〇メートルのホテルを併設した野球場、高さ四六メートルの屋根付きのラグビー場、文化交流施設、会員制テニスクラブ等の建設が行われる。本章では、国民の献金・献木・勤労奉仕により創り出され、百年間、維持・継承されてきた神宮外苑が、何故、高層ビル群の谷間に沈むのか、「外苑再開発事業の構図」を明らかにする。

図6-1は、外苑再開発事業の全体の見取り図である。外苑は、準公園、東京都市計画公園明治公園として守られてきた。風致地区が導入され、指定地区は増加し、内外苑をあわせて、二七四ヘクタールにも及んでいる。この法的秩序を崩すものとして登場したのが、図6-1の上段右側に記載した一連の規制緩和施策である。二〇〇二年に制定された都市再生特別措置法により、大幅な規制緩和が行われることとなった。外苑では、大きく三つの手法を用いて実行

外苑を護ってきた法制度

1　風致地区(1926年〜現在)
2　準公園
3　東京緑地計画
4　戦災復興特別都市計画(1950年)
5　東京都市計画明治公園(1952年)
6　長期未整備公園の見直しと防災力の強化
7　重要文化財の指定(2011年，聖徳記念絵画館ほか)

規制緩和

2001年　首都圏メガロポリス構想
2002年　都市再生特別措置法
2011年12月「2020年の東京」
2013年6月　地区計画決定・都市計画公園明治公園の変更
2013年12月　公園まちづくり制度創設(東京都)
2018年11月　東京2020大会後の神宮外苑地区のまちづくり指針

事業者
2020年2月　公園まちづくり計画の提案書を提出(事業者)
2021年7月　同制度の適用(東京都より通知)

規制緩和の手法

その1	その2	その3
2013年12月　公園まちづくり制度 都市計画公園の削除	再開発等促進区を定める地区計画 用途・高さ・容積率の変更・移転	2020年2月　神宮外苑地区第一種市街地再開発事業 権利変換方式の導入

都市計画審議会における再審査が必要	風致地区条例への適合審査(新宿区・港区)	環境影響評価審議会(2022年2月〜)

一貫した市民不在 ➡  ⬅ 審議会の機能不全・専門家の倫理

再開発の中止を求める様々な運動の展開
・市民運動(署名23万人以上)
・国際記念物遺跡会議(イコモス)ヘリテージ・アラート(2023年9月7日)
・日弁連会長声明(2024年3月14日)
・国連人権委員会「深刻な懸念」(2024年5月1日)

図6-1　外苑再開発の構図

された。

第一が「公園まちづくり制度」、第二が「再開発等促進区を定める地区計画」、第三が「第一種市街地再開発事業」である。以下、順を追って説明する。

外苑の土地所有

まず、はじめに外苑の土地所有はどのようになっているのだろうか。一般に外苑は、すべて明治神宮が所有していると思われているが、国立競技場、秩父宮ラグビー場は独立行政法人日本スポーツ振興センター（JSC）が所有している。絵画館・芝生広場・神宮球場等は、一九五六年に、明治神宮が競技場を国に譲渡し、その資金を基に残りの土地を、時価の半値で国から購入したものである。東京体育館エリアは、一九六四年の五輪開催時に整備され、旧都営霞ヶ丘アパートのエリアは、今回の東京五輪後に整備された都有地である。イチョウ並木は、四列の並木の中央二列は東京都の街路樹であり、外側二列が明治神宮の所有である。現在の秩父宮ラグビー場への並木道は港区の区道であり、一八本のイチョウは港区の所有である。土地所有は、それぞれ異なるが、全域が「都市計画公園明治公園」に指定されている（図6-2）。

長期未整備公園の問題

東京都の公園緑地は、太政官布達(一八七三年)、東京市区改正条例(一八八八年)、恩賜公園と寄付公園(一九一三年〜)、旧都市計画法の制定(一九一九年)、関東大震災後の帝都復興計画(一九二三年)、風致地区の導入(一九二六年)、環状緑地帯の導入(東京緑地計画、一九三九年)、防空緑地計画と防空法による用地買収(一九四一年〜)、農地開放(一九四六年〜)、政教分離(一九四七年)、

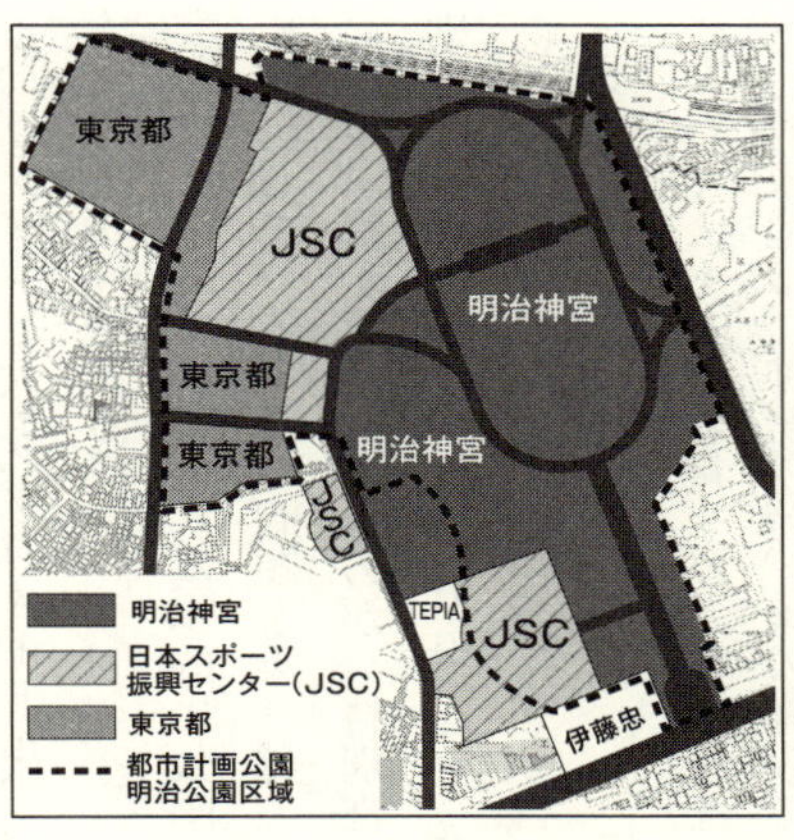

図6–2　土地所有図

戦災復興特別都市計画法による公園緑地計画(一九四六年〜)、戦災復興土地区画整理事業(一九四六年〜)、都市公園法の制定(一九五六年)、東京都市計画公園緑地の再検討(一九五七年)等、幾多の困難を乗り越えながら、先人たちが後世の人びとのために創り出してきた。しかし、東京二三区の一人あたりの公園面積は、三・一五平方メートル(二〇二三年四月現在)、島嶼部をいれた全域でも、四・〇九平方メートルである。世界の大都市の一人あたりの公園面積は、パリ一一・八平方メート

ル、ロンドン二六・九平方メートル、ベルリン二七・四平方メートル、ニューヨーク二九・三平方メートル等である。

東京二三区の問題は、基本的に公園としての土地利用が可能なエリアが、限られていることに起因している。この問題を乗り越え、第二次世界大戦後、焦土となった東京を蘇らせるために、東京都が策定したものが、特別都市計画法(戦災復興)による公園緑地計画(一九四六年)、特別都市計画公園・緑地(一九五〇年)、そして一九五七年の「都市計画公園・緑地の再検討」であった。一九五七年の再検討は、今日の東京都の公園緑地の基本となったものであり、都市計画決定を行っても事業費がないために、遅々として進まない公園緑地事業に対して、「事業化をしなくとも公園緑地と同等の機能を有するエリア」を含めて「都市計画公園」として決定した。対象地は、神宮外苑、国の施設である公園(白金自然教育園・新宿御苑・皇居外苑等)、公有水面、河川敷、民間レクリエーションエリア(大井競馬場・豊島園・二子玉川遊園地)等であった。したがって、神宮外苑は再開発において、東京都が論拠とする「事業化すべき長期未整備公園」ではない。「都市計画公園及び緑地に関する都市計画法第五三条第一項の許可取扱基準」(一九六四年制定)においても、準公園として位置づけられている。

風致地区

風致地区とは、都市の風致（樹林地、水辺地などで構成された良好な自然的景観）を維持するため、都市計画法により定められる地区で、明治神宮内外苑付近風致地区は、一九二六年九月一四日に指定された、日本で初めての風致地区である。当初の風致地区は、神宮内外苑を結ぶ連絡道路（裏参道）、表参道、西参道、外苑の青山口のエリア一帯が指定されていた。現在の「明治神宮内外苑付近」の風致地区面積は、第一種風致地区六九・八〇ヘクタール、第二種風致地区二〇四・二〇ヘクタール、計二七四・〇ヘクタールである。

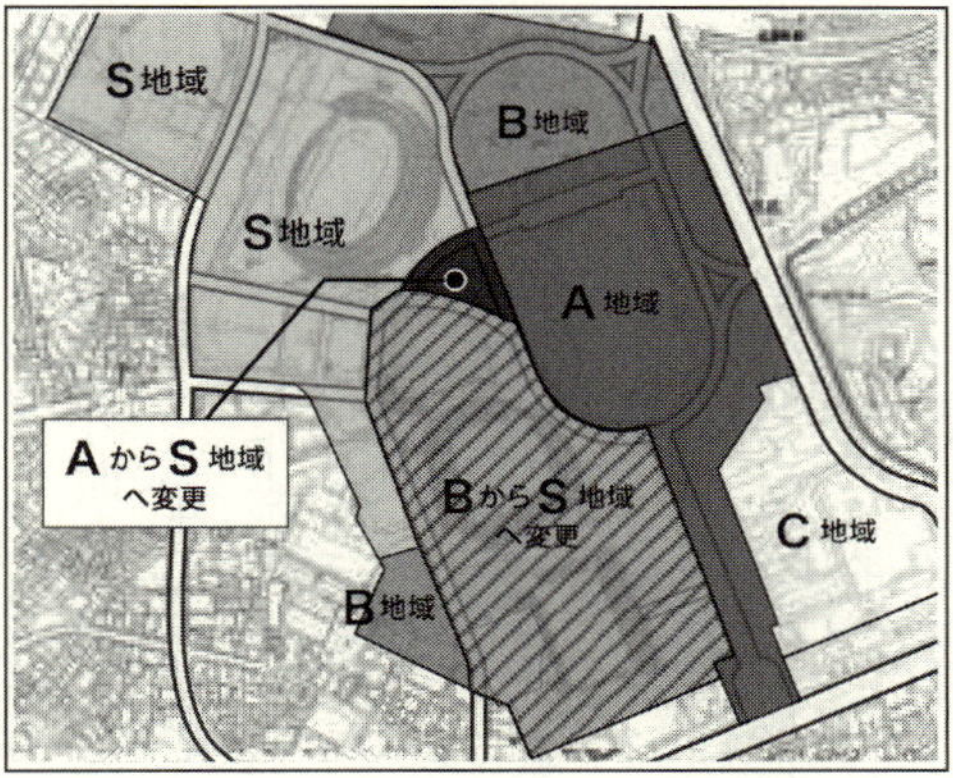

図6-3　風致地区の規制緩和（2025年3月）

　風致地区では、一定の行為を行う場合は、あらかじめ許可が必要となる。現在の風致地区の指定は、A・B・C・D・Sの五地域に分かれている（図6-3）。A地域は風致地区の核として位置づけられ、優良な風致を特に保全すべき地域であり、B地域は、これを取り囲み美観を維持する地域として位置づけられている。二〇二〇年まで、外苑では芝生広場（A地域）を取り囲み、建国記念文庫の杜はA地域、神宮球場、秩父宮ラグビー場はB地域であった。二〇二二年、再開発等促進区が導入されたため、S地域と変更された。これは「高さの緩和は、特に上限を定めないが、再開発等促進区を定める地区計画運用基準の範囲内」との審査基準が付与され、建築物の高さと緑化基準の大幅な緩和が行われたものであった。

2 「公園まちづくり制度」

「公園まちづくり制度」（二〇一三年一二月、東京都要綱により制定）の目的は、「都心部等で、長期間、都市計画公園・緑地の整備が行われていない区域では、都市計画制限により市街地の更新も進んでいない状況にある。東日本大震災の教訓を踏まえ、防災の視点を重視した新たな「都市計画公園・緑地の整備方針」を制定したため、これを踏まえて公園まちづくり制度を創出する」とされた。

対象地は、「センター・コア・エリア内において、当初都市計画決定からおおむね五〇年以上が経過した未供用区域のある都市計画公園・緑地を含む区域」とされた。センター・コア・

エリアとは、二〇〇一年四月、「首都圏メガロポリス構想」の中で位置づけられたもので、日本の国際経済力を牽引するエリアとして、二三区の中心となるエリアが指定された。二〇〇三年六月に「新しい都市づくりのための都市開発諸制度活用方針」の中で、容積率の大幅緩和などの規制緩和政策が導入された。

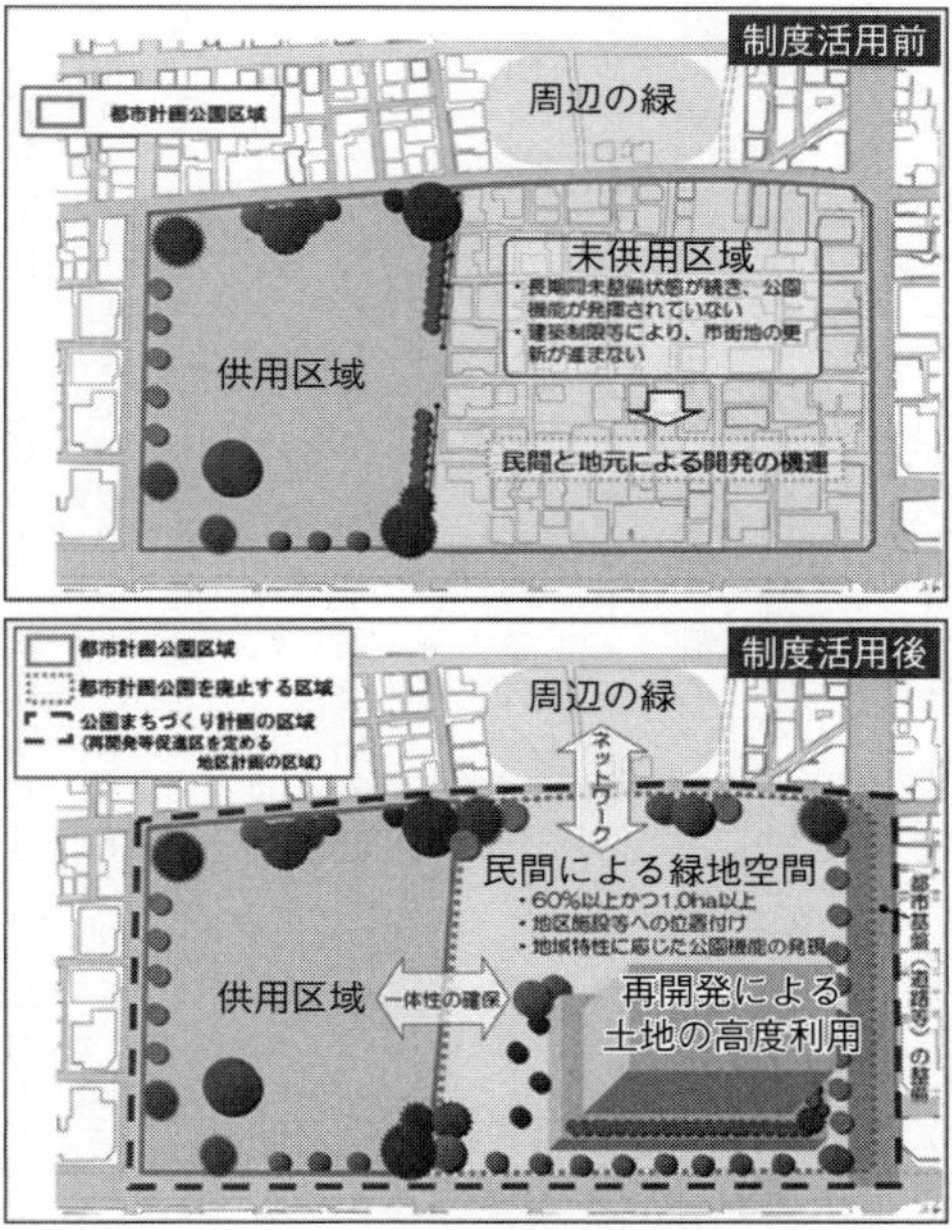

図6-4　公園まちづくり制度活用のイメージ図

内容は、図6-4に示す通りであり、図の上段は、長期未整備公園のイメージ図である。都市計画公園区域の一部が公園として供用されているが、残りは密集市街地であり、長期間公園が整備されてこなかったため、建築制限などにより良好な市街地の更新が進んでおらず「民間と地元による開発の機運」があると記載されている。図の下段は「都市計画公園を廃止し、再開発により高層ビルを建設、土地の高度利用を図る」ための計画図である。高層ビルの周辺は、密集市街地が一掃され、民間による緑地空間として表示されている。提供されるべき緑地は、①対象地の六〇％以上かつ一・〇ヘクタール以上、②地区施設または主要な公共施設のうち、緑地、広場、その他の公共施設として整備することとされた。

人びとが暮らしていた、基盤整備の進んでいない密集市街地をクリアランスし、高層ビルを建設する発想は、一九二〇〜三〇年代に、ル・コルビュジエ（フランス人建築家）により「輝く都市」として提案されたものであるが、パリでは受け入れられず、ニューヨークのマスタービルダーといわれたロバート・モーゼスにより実行に移された。これは、自動車交通により郊外に新しい都市整備を行い、都心における密集市街地をクリアランスする手法として全米に広がった。「輝く都市」の目的は緑の大地を取り戻すことにあったが、コミュニティの視点は完全に欠落していた。

この「モダニズム都市計画」を徹底的に批判したのが、ジェイン・ジェイコブズであり、著書『アメリカ大都市の死と生』（一九六一年）は、既存のコミュニティの重要さを説き、都市計画の考え方に革命をもたらした。

クリアランスにより建設された高層の公営住宅は、コミュニティの不在により犯罪の巣窟となり、一九九〇年代までに次々と取り壊されていった。

破綻したモダニズム都市計画のモデルが適用されたのが「公園まちづくり制度」であることは再考されなければならない。二〇世紀の過ちが誇りある外苑で何故、再現されるのであろうか？

3　外苑に適用された規制緩和の段階的検証

第一段階――新国立競技場・日本スポーツ協会・民間マンション等の建設

都市計画決定は二〇一三年六月で、公園まちづくり制度（同年一二月）がつくられる半年前である。国立競技場建設のために、①建築物の上部に立体公園を導入、②外苑西通り等の歩道橋を公園面積に算入、③日本青年館の建てられていた地区を都市計画公園から削除、④公園面積の不足を補うため霞ヶ丘アパートを強制撤去し、公園区域に追加を行った。

二〇一六年一〇月、民間マンションの建て替えに向けて、外苑西通りからの接道条件を満足させるため霞ヶ丘アパート跡地の都市計画公園の一部を削除した。霞ヶ丘アパートは取り壊され住民は散りぢりとなった。日本青年館・日本スポーツ振興センタービル（高さ七〇メー

図 6-5　左は，風致地区の高さ規制 15 メートルがまもられた国立競技場．樹木に隠れる高さで競技場は見えない．大地に根ざした杜(撮影：2014 年 6 月)．右は，新国立競技場．高さ 47 メートル，人工地盤上の植栽．小川は屋根の下．立体公園には，杜はない(撮影：2024 年 8 月 2 日)

トル)は二〇一七年、Japan Sport Olympic Square ビル(高さ六三・七メートル)は二〇一九年に竣工した。代々木の岸記念体育会館を東京都が買収(計一二三億円)し、外苑の都有地を七〇億円で日本スポーツ協会に売却した。協会は差額五三億円で岸記念体育会館を建て替えた。The Court 神宮外苑は、国立競技場を臨むマンションとして売り出された(高さ八〇メートル、二〇二〇年竣工)。

新国立競技場の設計は、二〇一二年、設計競技の手続きが開始され、同年一一月にはザハ・ハディド氏の案が最優秀となった。応募要領にはすでに高さが七〇メートルと記載されており、当選案を受けて、二〇一三年六月、地区計画により高さ制限が七五メートルに緩和された。その後、事業費やデザインに対して広範な反対運動が展開され、二〇一五年七月に案は白紙撤回となった。再度コンペが行われ、競技場は二〇一六年に着工し、二〇一九年竣工した。

「杜のスタジアム」の実現が目標とされたが、実態は、豊かな樹林が伐採され(伐採本数一五四五本)、悲願であった渋谷川も、屋根の下を流れる小川となった。「空の杜」は「人工地盤の杜」となった(図6-5)。移植された樹木は、樹形は強剪定(きょうせんてい)が行われ、生態系の秩序を無視した現実には存在しえない杜となっている。

第二段階——市街地再開発事業

第二段階が、図6-6に示す市街地再開発事業である。二〇一三年三月、「公園まちづくり制度」が適用され、都市計画公園が三・四ヘクタール削除、超高層ビルの建設が可能となった。「公園まちづくり制度」適用の論理は、外苑は、「長期間、都市計画公園の整備が行われておらず未供用のエリアが存在する」という理由であった。未供用のエリアは、秩父宮ラグビー場とされた。柵があり、試合開催時以外は鍵がかかっており、常時、開かれた施設ではないとされ、早急に整備を行い、防災性を高める必要があるとされた(図6-7)。

地区計画に基づき「再開発等促進区」が導入され、建築物の高さと容積率が、大幅に緩和された。その数字は以下のとおりである(当初決定の数字)。

新ラグビー場(高さ五五メートル、容積率一五〇%)

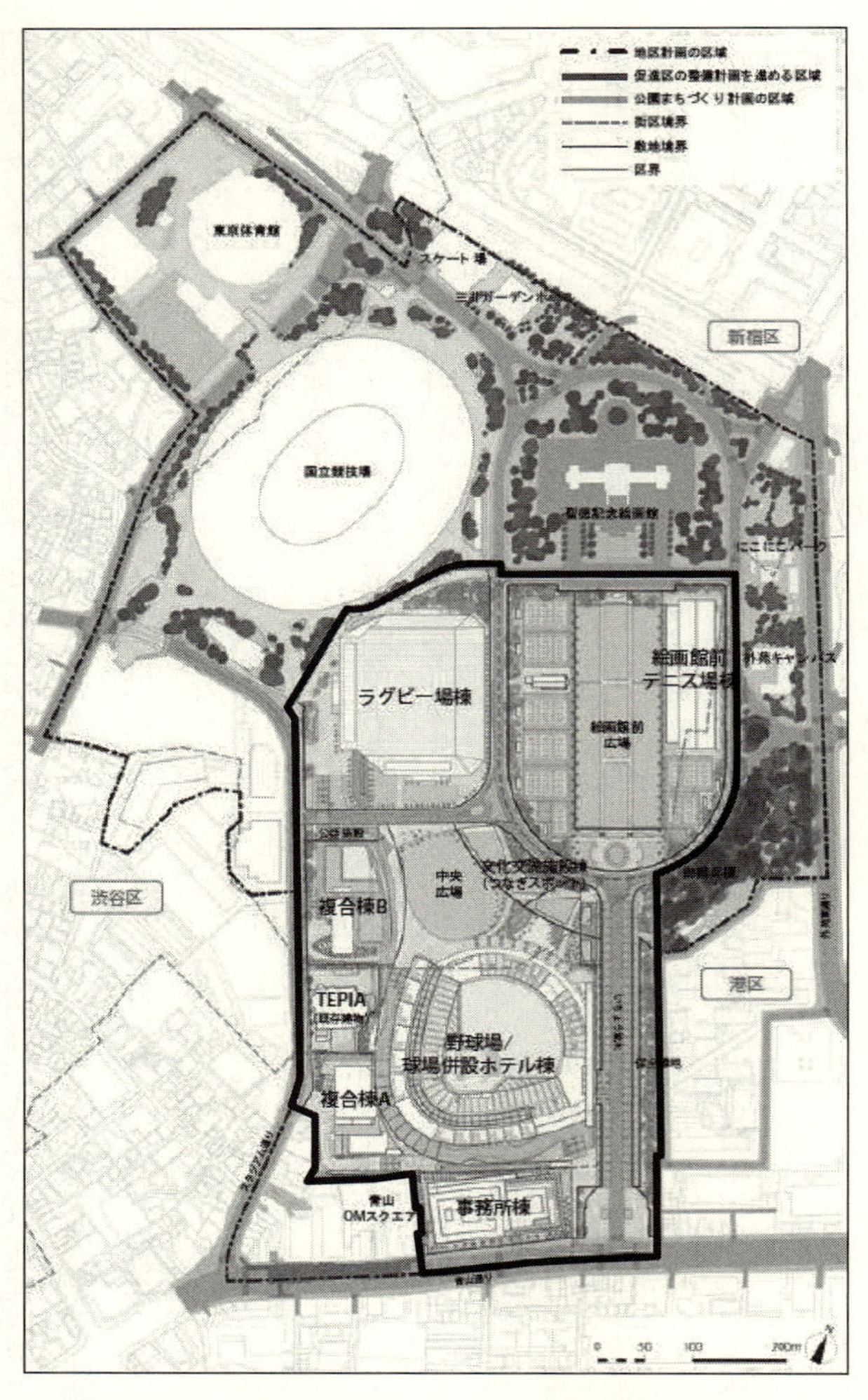

図 6-6　神宮外苑地区公園まちづくり計画配置図．太線内が促進区の整備計画を進める区域及び公園まちづくり計画区域

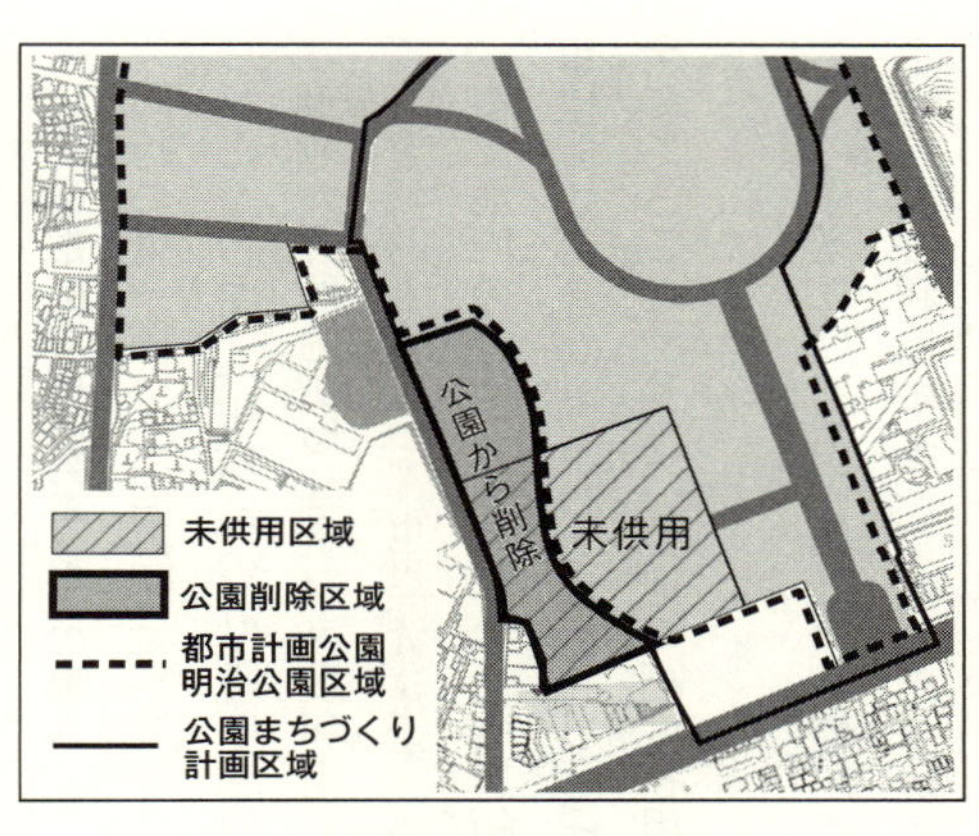

図 6–7　未供用区域と公園削除区域

複合棟A（高さ一八五メートル、容積率九〇〇％）
複合棟B（高さ八〇メートル、容積率二〇〇％）
事務所棟（高さ一九〇メートル、容積率一一五〇％）
野球場（高さ六〇メートル、容積率一五〇％）

この大幅な高さと容積率緩和を可能とした都市計画手法が、地区計画に基づく「再開発等促進区」であった。「再開発等促進区」は、再開発地区計画（一九八八年創設）及び住宅地高度利用地区計画（一九九〇年創設）を統合し、二〇〇二年に創設された制度で、主として、工場跡地等を対象とし、地区内の公共施設の整備と併せて、建築物の用途、容積率等の制限を緩和する目的で創り出された規制緩和の都市計画制度であった。神宮外苑は、工場跡地のような都市機能の早期改良をはかるべき地域でもなく、建築物の用途を変更すべき地域でもない「都市計画公園」

であり、この適用は、法の主旨に反するものである。

「第一種市街地再開発事業」の導入

同時に第一種市街地再開発事業が導入された。市街地再開発事業とは、都市再開発法に定められたもので、「市街地の計画的な再開発に関し必要な事項を定めることにより、都市における土地の合理的かつ健全な高度利用と都市機能の更新とを図り、もって公共の福祉に寄与することを目的とする」(都市再開発法第一条)とされている。

市街地内の土地利用の細分化や老朽化した木造建築物の密集、十分な公共施設がない等の都市機能の低下がみられる地域が対象であり、適用する場合は、「土地の利用状況が著しく不健全であること」及び「土地の高度利用を図ることが、当該都市の機能の更新に貢献する」と条件が付されている。

この事業には、第一種と第二種があり、外苑に導入された第一種は「権利変換方式」であり、土地の高度利用によって生み出される新たな床(保留床)の処分等により、事業費をまかなうこととされている。外苑は都市計画公園であり、容積率は二〇〇%である。しかも公園であるから、建築できる施設は限られており、事務所等を建設することはできない。この公園内で「使いきれないとされる容積」を集約し、再開発等促進区により、都市計画公園を削除したエリアの高層ビル敷地に容積を移転し、新たな床(保留床)を生み出すものである。

この結果、伊藤忠商事本社ビルは、一一五〇%の容積率となり、一九〇メートルの超高層ビルとなる。三井不動産ビルは九〇〇%の容積率となり、一八五メートルの超高層ビルが建設されることとなる。しかも、今回の再開発事業は「個人施行」とされたため、権利者全員の合意を得れば、都市計画決定を行わなくてもよい場合もあるとの規定を用い、一七・五ヘクタールという大規模な事業であるにもかかわらず、市街地再開発事業の都市計画決定は行われていない。

この事業では、東京都環境影響評価条例に基づき環境影響評価が実施され、二〇二三年一月二〇日に「(仮称)神宮外苑地区市街地再開発事業」環境影響評価書の提出の告示(東京都告示第四〇号)が行われた。その後、同年一月三〇日に東京都環境影響評価審議会への受理報告がなされた。同年二月一七日に施行認可を受け、個人施行により一部の工事が着工された。

4　環境影響評価の検証

東京都環境影響評価条例では、環境に著しい影響を及ぼすおそれのある事業が実施される際、「環境に及ぼす影響について事前に調査、予測及び評価を行うとともに、（略）その事業に係る環境の保全のための措置を検討し、この措置が講じられた場合における環境に及ぼす影響を予測し、及び評価すること」と定められている（第二条）。調査は科学的知見に基づくことが必須とされ「技術指針」が定められている。しかし今回の環境影響評価では、次の点において「技術指針」を踏まえた調査が行われていない。

①イチョウ並木は、著しく衰退している樹木が存在しているが、事業者は、二〇二三年一月二〇日に提出した「評価書」において、すべて健全であるとの虚偽の報告を行った。また、この時点で再開発の影響によって生じる予測、措置は全く検討されなかった。

②環境影響評価書案審査意見書では、都知事意見として「植物群落調査等の結果を踏まえて生態系保全・再生の基盤とすること」が求められた。しかしながら、事業者が実施した群落調査は、わずか六カ所であり、この内、四カ所は適切な調査区が導入されず、植物社会学

に基づく群落調査は行われなかった。残りの二カ所は、調査区の位置と、植生断面図に誤りがあった。また、再開発の影響を受ける隣接する芝生広場、及び御観兵榎（ごかんぺいえのき）の杜の現存植生調査は、全く行われなかった。

③良好な森林群落の回復のためには、生態系の特質を示す「現存植生図」の作成が必須であるが、単なる「緑地の分布状況」を、審議会において「現存植生図」であるとする虚偽の答弁が行われた。

本件については、国際影響評価学会日本支部が見直しの要請（二〇二三年六月）、イコモスからヘリテージ・アラート（二〇二三年九月）、日弁連会長からの再開発工事の停止の検討（二〇二四年三月）、国連人権理事会からの環境影響評価にかかわる多様なステークホルダーの意見を反映する仕組みに対する勧告（二〇二四年五月）等、多くの再検討の要請が行われたが、見直しは行われず、工事は強行された。

5　都市計画関連「手続き」の検証

以上を踏まえて、本再開発事業の都市計画関連「手続き」の検証をまとめる。

①神宮外苑は、「公園まちづくり制度」が対象とする「市街地内の土地利用が細分化された木造密集市街地」でもなく、「充分な公共施設がない地域」でもない。すでに、大正年間に基盤整備は完了しており、導入された要綱の適用対象地には該当しない。

②神宮外苑は、「事業化を要しない都市計画公園」として、一九五七年に都市計画決定が行われた。基盤整備は、すでに完了しており、良好な市街地への更新が必要な地域ではない。都市計画公園であるため超高層ビルの建設等、高度の土地利用を進める場所ではない。市民のための公園として、百年間、護られてきた社会的共通資本である。

③秩父宮ラグビー場は、「ラグビーの聖地」として人びとに利用されてきた運動施設であり、未供用(人びとに公開されていない施設を意味する)ではない。柵・施錠が未供用の判断であるとすれば、鍵を外し、保守体制を改善するだけで、一〇年以上に及ぶ大工事や解体、多数の樹木伐採等を行う必要はなくなる。

④「公園まちづくり制度」は、都市計画公園を対象として考案されたもので、都市計画公園内に含まれない伊藤忠商事本社ビルをいれることは、要綱にそわないため、都市計画審議会における再審査が必要である。

⑤要綱では、対象区域の六〇%、一ヘクタール以上の緑地を確保するとされているが、事

業者の提案は、対象地内の四四％にすぎず、しかも実態は屋上緑化による広場・通路等であり、大地に根ざした緑地ではない。

⑥「公園まちづくり制度」は「防災力の強化」を目的として創設されたが、今回の再開発事業の目的は「良好な市街地を形成する」となっており、基本的な目的に反する。また超高層ビルやホテルを併設した野球場の建設により、イベント開催時と震災等の発生が重なった非常時には厖大な避難者が発生することとなり「広域避難拠点の強化」という原則に反する。事業者により発表された計画は、超高層ビルの谷間の通路や、人工地盤上の断片的緑地の寄せ集めであり、まとまった緑地ではない。さらに、これらの集客施設をつなぐ歩道橋は、幅員約一〇メートルしかなく、兵庫県明石市の歩道橋や、ソウルのイテウォン（梨泰院）で発生した群集雪崩の危険性が指摘されている。この制度は、何よりも首都直下型地震など、不測の事態に対して、「防災性の向上」を第一義的目的として創り出されたものである。「首都直下型地震」は、今後三〇年以内に七〇％の確率で起きると予測されているマグニチュード七クラスの大地震である。国の中央防災会議は、一万一〇〇〇人の揺れによる死者、一万六〇〇〇人の火災による死者、建物等の直接被害四七兆円、生産・サービス低下の被害九五兆円の経済的被害が出ると想定している。防災性の極めて脆弱な再開発事業が行われようとしていることは、厳

しく検証されなければならない。都市計画公園明治公園は、一九二六年の創建以来、整備が行われた準公園として位置づけられ、一九四六年四月二五日、戦災復興計画による公園緑地として計画決定された(戦災復興特別都市計画法)。その後、東京都において公園緑地の再検討が行われ、一九五七年一二月二一日、「事業化を要しない公園・準公園」として計画決定告示が行われた。したがって、「みだりに都市公園を廃止してはならない」という都市公園法第一六条に従い、慎重な再審査が必要である。

6 再開発に伴うイチョウ並木のサステイナビリティの危機

再開発に伴い、多くの人びとが深い懸念を抱いているのが、イチョウ並木直近への新神宮球場、超高層ビル等の建設である。これらは、ヒートアイランド現象を加速化し、通風を阻害する。外野スタンド建設のために、地下杭が四〇メートル、掘削されることとなり、地下水の補給は分断される。左右対称のネオ・バロックの空間構造が破壊される。商業施設が計画されており、踏圧(とうあつ)による土壌の硬化は、イチョウの生育に重大な影響を与える。前述した通り、イチョウ並木は、事業者が提出した環境影響評価書では一四六本のほとんどが評価A(極めて健全)

と報告され、受理された。筆者は、著しく衰退しているイチョウを認識していたため、正しい情報を発信する必要があると判断し、一四六本のイチョウの毎木調査を、二〇二二年一〇月より、実施してきた(図6‐8)。

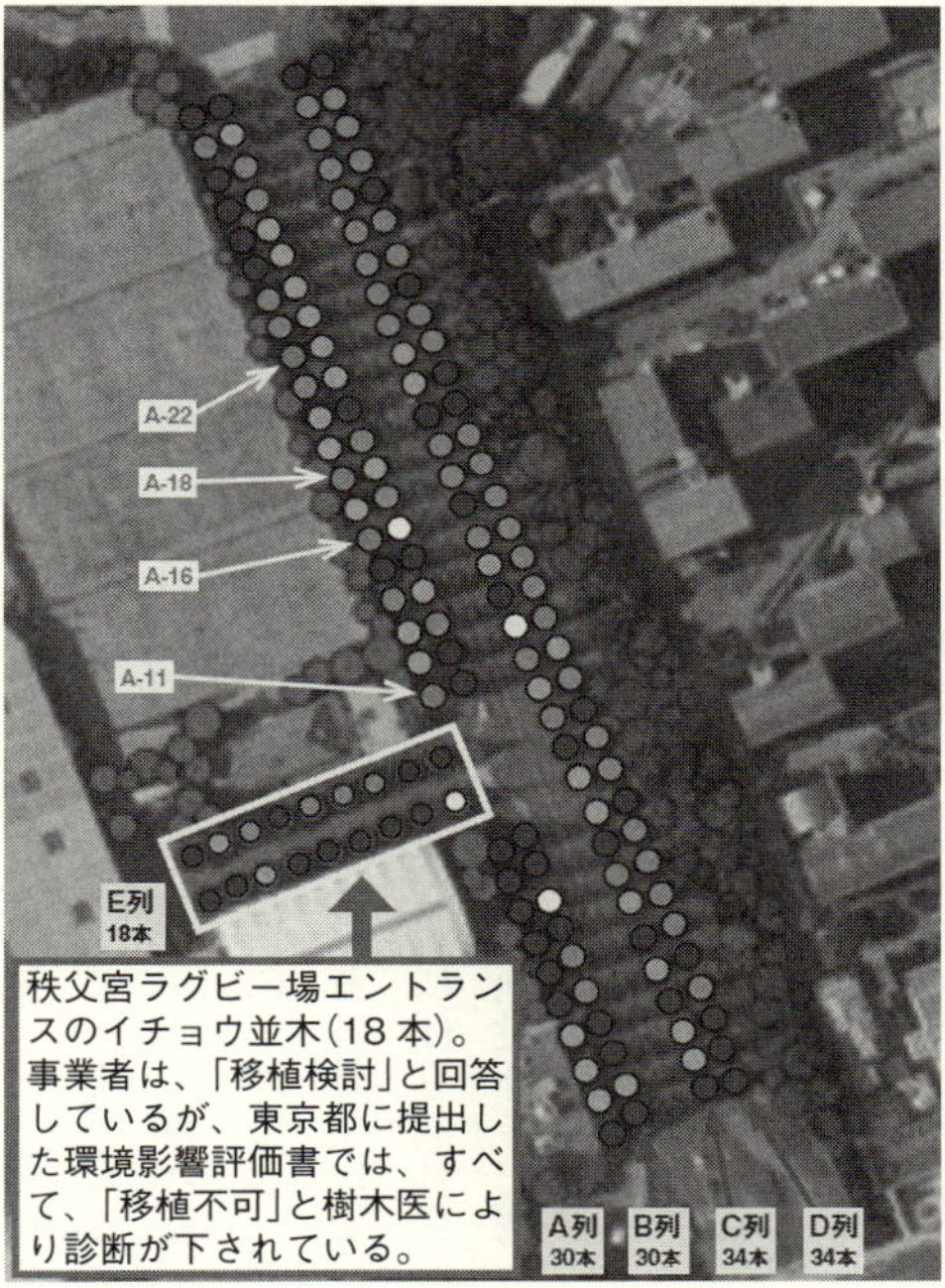

図6‒8　イチョウ並木の評価(2023年11月)

衰退しているイチョウは、二〇二二年より増加し、四本となった。これらは、すべて、新たに野球場が建設される西側の地域であり、隣接地に保護してくれる樹林帯がないことが、最も大きな要因と考えられる。東側のイチョウは、隣接地に樹林帯があり、樹形・樹勢ともに健全である。この衰退には東京における猛暑日

図6–9　衰退の著しいイチョウ（2023年7月27日撮影，図6–8のA–11）．盛夏にもかかわらず，イチョウには成長していく力が残されておらず，生きていくための葉は全くついていない

（最高気温が三五度以上）の増加が背景にある。イチョウは、六〜七月にかけて枝葉を伸ばし成長していくため、この時期における猛暑日の増加は、衰弱しているイチョウにとっては、大きな負荷を与えることとなる。

筆者は外苑に隣接する新宿御苑で、御苑トンネルの建設に伴う樹林帯の保存に、一九八七年の基本設計から実施設計まで携わった。一八八九本の樹木があり、七〇六本を現地保存とした。トンネル建設は水循環に大きな影響を与え、杜の乾燥化が進んだため、環境省・新宿区・小学校の皆さんと共に、地下水を循環させ「玉川上水を偲ぶ流れ」を創り出した。

保存樹木が三七年の歳月を経て、どのようになったのか、新宿御苑の協力を得、最新のデータと照合し調査を行った。トンネルから一五メートル以内の保存樹木の残存率は三三％にすぎなかった。

先人たちが創り出し、護ってきた杜を未来に繋いでいくことが、私たちに課せられた責務ではないだろうか（図6-9）。

7　失われていく文化資産——外苑を彩る歴史的樹木

二〇二四年一〇月二八日、市街地再開発事業に伴う樹木の伐採が開始された。現在の秩父宮ラグビー場を取り壊し、屋根付きの新ラグビー場を建設するために、第二球場の樹林地と建国記念文庫の杜の伐採・移植が進行中である。第一期だけでも三〇〇〇本にのぼる樹木が伐採・移植される。後世への記録として、この実態を写真により示す。図6-10は、ヒューマン・チェーンをつくり、杜の伐採に抗議する人びとである。国際イコモス等からも、ヘリテージ・アラートが発出されたが、二〇二五年三月一〇日現在、杜は失われた（図6-11）。移植により杜を護るとされているが、その実態は、図6-12に示す通りである。

図6-10　ヒューマン・チェーンをつくり建国記念文庫の杜の伐採に反対する人びと（2023年4月1日）

図 6–11　建国記念文庫の杜(2024 年 12 月 17 日)．杜は失われ背後の高層ビル群が見える(2025 年 3 月 10 日)

図 6–12　建国記念文庫の杜から移植された巨樹．巨樹であるにもかかわらず，十分な距離が確保されず密植状況となっている．健全な生育は望めない．強剪定されたクスノキ．威風堂々とした，かつての姿は失われ，100 年の歳月をかけて育まれてきた豊かな森林群落は，破壊された(2025 年 3 月 9 日)

第七章

文化を支える緑地

日本初の太政官布達公園(1873 年 6 月指定)，厳島神社．全国各地の文化資産が，この布達により公園となり永続性が担保された．近代における日本のグリーンインフラ形成の曙

前章では、百年前に国民の献金・献木・勤労奉仕により創り出された文化資産としての神宮外苑が、規制緩和の荒波に翻弄され、内苑の杜の護持という名の下に、一部の事業者により、超高層ビルの谷間に沈んでいくことを述べた。公園緑地は、スポーツ施設の集合体ではなく、まして市街地ではない。日本の文化を映し出す鏡であり、時を超えて、私たちに手渡されてきたかけがえのない「社会の冨」である。

神宮外苑のような無謀な再開発は、これまでに先例はない。本章では、太政官布達公園、杜の都・仙台、各務原市「水と緑の回廊」、東日本大震災における復興まちづくり、帯広の森、広島の平和記念公園と厳島神社等を通して、日本では市民と行政の協力により、都市の杜が手厚く護られ、創り出されてきたことを明らかにする。

歴史をひもとけば、公園における樹木の大量伐採は、明治以降、一度だけ行われている。図7-1は、東京の井の頭恩賜公園の戦前の風景である。井の頭池周辺は、神田上水の水源林として手厚く保護され、明治期には帝室御料林となった。一九一三年に下賜され、一九一七年、日本初の郊外公園として誕生した。井の頭池を囲む樹林地はスギの美林であったが、一九四四年、戦局の悪化に伴い、戦死者の棺(ひつぎ)をつくるために大量伐採が行われた。記録によると伐採されたスギは四六一五本であり、「樹魂祭」を行い清めたという。現在は、桜の名所となっている（図7–2）。神宮外苑における樹木は、魂を鎮める儀式すら行われず葬り去られた。

1　手渡された文化資産

日本における「公園」は、すでに述べたように、一八七三年一月一五日に発せられた「太政官布達」により誕生した。これは、全国各地の古くからの名所旧跡や、これまでの「群集遊観の場所」、すなわち、人びとが美しい景色を愛(め)でながら楽しんでいた景勝地を、「公園」として、新しい時代に手渡していこうとしたものであった。しかも、どこを「公園」とするかは、そ

図 7–1　1940 年頃，井の頭池を囲むスギ林．戦死者の棺のために伐採（(公財)東京都公園協会所蔵）

図 7–2　井の頭池を囲む桜．花見の名所（2019 年）

れぞれの都市の決定に委ねたのである。明治政府からの押し付けではなかったことが、極めて重要である。一九〇七年頃までに、全国で約九〇カ所にのぼる公園が指定されている。

・明治六(一八七三)年
日和山(山形・酒田)、芝(東京)、浅草(東京)、飛鳥山(東京)、鋸山(千葉)、馬場(栃木・宇都宮)、佐氏泉(山形・米沢)、高島(長野)、高山(岐阜)、東山(岡山)、厳島(広島)、鞆(広島)、住吉(大阪)、浜寺(大阪)、高知(高知)、長崎(長崎)、臼杵(大分)、白山(新潟)

・明治七(一八七四)年
松岬(山形・米沢)、信夫山(福島)、浦和(埼玉)、横浜(神奈川)

・明治八(一八七五)年
桜ケ丘(宮城)、忍(埼玉)、東遊園地(兵庫・神戸)、高岡(富山)、高遠(長野)、栗林(香川)、山下(大分・臼杵)、納池(大分・臼杵)、小城(佐賀)

・その後
上野(明治九年)、津(明治一〇年)、指月(萩・明治一〇年)、奈良(明治一三年)、養老(明治一三年)、南湖(白河・明治一三年)、松坂(明治一四年)、岐阜(明治一五年)、長野(善光寺・明治一五年)、円山(京都・明治一九年)、吉野(明治二六年)、和歌(明治二八年)、松島(明治三五年)、榴

ケ岡（明治三五年）、天橋立（明治三八年）、沼津（明治四〇年）一つ一つに、物語がある。大阪の浜寺公園は白砂青松の地であったが、維新後、武士救済のため伐採されていた（一七九一本）。この地を偶然通り、切られゆく松を惜しんだ大久保利通が、

音にきく高師の浜の浜松も世のあだ波はのがれざりけり

と詠み、伐採を禁じ、太政官布達公園に指定されたという。このように、太政官布達に基づく公園は、一九一九（大正八）年に「史蹟名勝天然紀念物保存法」が制定されるまで、全国の名所・旧跡、古くからの行楽の場を、永続的に維持する役割を果たし、その恩恵は二一世紀の今日にまで継承されている。

2　杜の都・仙台の四百年

自然環境を活かし、文化を継承してきた都市として、杜の都・仙台がある。城下町仙台は、一六〇〇（慶長五）年、伊達政宗が居城を岩出山から仙台に移し、城下普請の縄張を行ったことに始まる。この地は、奥羽脊梁山脈に源を発する七北田川、名取川、その支流である広瀬川が河岸段丘を形成し、広大な沖積平野となり太平洋に注ぐ位置にある。城下町の区割りは、遥か

図7–3　文久二年仙台城下絵図(仙台市博物館所蔵)

に太平洋を望む河岸段丘の突端に青葉城(仙台城)が築かれ、大手門から東北東に伸びる大町線と、大橋から東へ約七〇〇メートルの「芭蕉の辻」で、大町線と直交する国分町・南町を基準として、碁盤目状につくりだされた(図7―3)。城下の人口は約五万二〇〇〇人、戸数一万八五〇〇戸であったといわれる。政宗は武家屋敷内に果樹、用材の植樹を奨励し、これが四百年の歴史を超える「杜の都」の基礎となった。また、領内の貢米と木材を江戸へと送り出すために、塩釜湾から蒲生を経て、阿武隈川河口の荒浜に至る貞山運河が開削された。工事は明治期に至るまで続けられ、延長三一・五メートルの日本で最も長い運河として継承されている。

明治維新により廃藩置県となり、仙台は宮城県の県都となった。一八七三年、太政官布達が発せられると、宮城県は時を置かず、広瀬川を挟み、青葉城の対岸に位置した武家屋敷を買い取り、桜ケ丘公園（西公園）を開設した（一八七五年六月）。東部には、古くから榴ケ岡、あるいは宮城野と呼ばれた景勝の地があり（図7-4）、伊達綱村は、桜を植樹し、民衆に開放していた。宮城県は、この地も太政官布達公園とした。市の東西に名勝となる公園を配し、その中央にある伊達藩の学問所であった養賢堂（ようけんどう）跡を県庁としたことは、文化を継承し、近代都市の形成に向けた基盤とする揺るがぬ方針を読み取ることができる。一八八七年に上野―仙台―塩竈間に、東北本線が開通すると、仙台は、商店・官庁・会社・東北大学、そして仙台神学校等、宣教師による学校の建設も行われ、異文化との交流による、「学都を誇り」とするまちへと展開を遂げていくこととなった。

図7-4　仙台市　榴ケ岡公園（仙台市戦災復興記念館所蔵）

「杜の学都仙台よ。それはどなたがしたのです。とうさま、かあさましたのです」

仙台市は、一九四五年七月一〇日、午前零時五分頃から約二時間半にわたって、米軍B29の空襲を受け、中心市街地は廃墟と化した（図7-5）。一九四六年から仙台駅西部の約三〇〇ヘクタールを対象として戦災復興土地区画整理事業が開始され、

図 7-5　仙台市焼跡（仙台市戦災復興記念館所蔵）

図 7-6　戦災復興土地区画整理事業に協力し撤去された宮城学院第二校舎（仙台市戦災復興記念館所蔵）

一九七五年に土地区画整理事業の換地処分が行われ、約三〇年に及ぶ事業が完了した。仙台市の復興事業の特色は、城下町の区割りを尊重し、広幅員街路（東二番丁通り、青葉通り、広瀬通り、定禅寺通り等）を並木道として整備し、あわせて養賢堂跡を勾当台公園として東西の太政官布達公園と結び、一三カ所の公園緑地系統、すなわち、パークシステムを創り出したことにあった。今日、これらの広幅員道路は、杜の都・仙台を象徴する空間となり、市民だけではなく多くの人びとが訪れる場となっている。

仙台市の都市計画の特色は、伊達以来、四百年の伝統を時代の要請を見極めながら、継承してきたことにある。この間、公園緑地計画は着実に継承され、「百年の杜づくりによるグリーンインフラの形成」が最新の計画となっている。目標は、市民が協働で取り組むことにある。伊達藩が水田耕作を振興するために小河川をせき止め、溜め池をつくり、水源涵養林を御林(おんばやし)として保全してきた杜が残されている。市街化の進展により開発の波にさらされていた、丸田沢堤(築造一六一五年)、三共堤(築造一七〇六年)を、国・市、そして学校法人宮城学院が協働で護り、杜の都のグリーンインフラとした事例がある。宮城学院は、戦災を免れた煉瓦造りの校舎(一九二四年建設、図7-6)が戦災復興土地区画整理事業で道路用地となったため事業に協力し、この地に移転した。爾来、江戸期より続く環境を珠玉の宝とし保全活動を行っている。樹齢三百年を超えるモミ林があり、生物多様性の宝庫となっている。時空を超えた自然環境が子どもたちの日々の学び舎となっている(図7-7)。

図7-7　伊達藩御林を継承する杜(宮城学院「森のこども園」)

3　水と緑の回廊を創る

暮らしに寄り添う公園緑地を、まちづくりの基本に据える考え方は、高度経済成長期を経て、「荒廃した自然環境をいかにして回復するか」という問いの中で、日本各地で展開された。本節では、その一つの事例として、岐阜県各務原市の「水と緑の回廊」を紹介する。

各務原市は、濃尾平野の北端に位置し、人口一四万五〇〇〇人、中山道に沿って発達してきた歴史的都市であり、南部を木曽川が流れる。広大な各務原台地上には、航空自衛隊岐阜基地がある。名古屋から三〇キロメートル圏に位置するため、一九六〇年代にはいり急速な市街化が進展した。里山の開発や山林火災の発生、不法投棄など、当時、全国の里山で顕在化していた問題が各務原市でも起きるようになった中で、山火事跡地への植樹活動など活発なボランティア活動等が行われていた。市の中央には、岐阜大学農学部跡地があり、ここには大正年間に設立された岐阜高等農林学校由来の、巨樹が残されていた。この敷地を分断する形で、都市計画道路が計画されていたことから、市民の間から、樹木保全の運動が起こった。市は、速やかに市民の要望を受け入れ、市民参加で、公園緑地の保全と緑のまちづくりを開始した。現在では各地で行われているが、当時としては画期的な取り組みであり、一歩一歩、手探りのまちづくりが始まった。

その特色は、徹底した市民参加を取り入れたことで、迂遠と思われるこの方針が貫かれ、世界に類例のない、里山・まち・川を結ぶ「水と緑の回廊」による公園都市が誕生した。目標は、「歩くことの楽しい安全で美しいまちへ、山と川の豊かな自然を暮らしの中へ、生命を育む共生都市へ」であり、三つの回廊と七つの拠点からなる戦略計画が創り出された（二〇〇〇年）。

図7–8　学びの森（提供：岐阜県各務原市）

まちの回廊——学びの森

まず、最初の取り組みが、岐阜大学農学部跡地の都市計画道路を変更し、岐阜高等農林学校の歴史を活かした文化的公園に再生することであった。市民総出で、イチョウ、ユリノキ、メタセコイア等の調査を行い、すべての樹木を保存することとなった。公園づくりは、これを前提として行われ、生物多様性豊かな公園とするため、小川や池をつくり、そよ風が吹き抜ける芝生広場が憩いの場として創り出された(図7-8)。イチョウの大木は保全された巨樹である。

森の回廊——各務野自然遺産の森

各務原市の北部一帯に広がる里山は、美濃山地の南端に位置し、豊かな湧水に恵まれており、「東海丘陵要素群」と呼ばれる貴重な植物が自生している。シデコブシ、ヒトツバタゴ、ハナノキ等である。この地域は、下流部の洪水を緩和するため、砂防ダムの建設が予定されていたが、百年に一度の豪雨を想定し、谷全体でこれをカヴァーできるという試算が行われ、砂防ダムではなく、多自然型護岸とし、古民家を移築し「各務野(かかみの)自然遺産の森」が創り出された(図7-9)。

図7-9　各務野自然遺産の森(提供：各務原市)

古民家を活用し、市内のボランティアの方々が、自然環境塾を開催しており、松飾りや、ひな祭り等、伝統を子どもたちが楽しみ、体験することのできる場となっている。谷沿いの湿地には、シデコブシ等が保全されている。

川の回廊——河跡湖公園

市の南部には木曽川が流れており、その中州にあった旧川島町の歴史は洪水との闘いの歴史でもあった。まちの中央には、堤防工事により本川から切り離された旧河道が残っており、家

整備前

子どもたちも参加

整備後

図 7–10　河跡湖の再生(提供：各務原市)

庭からの排水による汚濁が進んでいた。住民総出でまち歩きを行い、改良案を作成し、ヘドロの堆積した河跡湖(かせきこ)の再生を行った(図7-10)。市民が主役となり創り出した「水と緑の回廊」は、国内だけではなく、海外でも高く評価されている。

4 復興まちづくりと文化の再生

二〇二四年一月一日、マグニチュード七・六の能登半島地震が発生した。さらに、同年九月、奥能登豪雨が被災地を直撃した。度重なる災害に言葉を失う。本節では、一四年前の二〇一一年三月一一日に発生した東日本大震災以降の事例を一つ紹介する。その理由は、奥能登には伝統を継承して創り出されてきた文化資産が、随所にあることに他ならない。

これから紹介する宮城県岩沼市の事例は、何よりも、コミュニティの絆を大切にし、大地に刻まれた暮らしの文化を再発見することから、再生を行ってきた。何がしかの復興への希望となることを祈り、一四年間の軌跡を記す。

津波発生直後

二〇一一年三月一一日、マグニチュード九・〇の東北地方太平洋沖地震が発生した。これに伴う、津波及び福島第一原子力発電所事故により、二万二三二五人の方々が亡くなられ、行方不明となった。

本節で述べる宮城県岩沼市は、仙台市の南、約三〇キロメートルの仙南平野に位置し、人口四万四〇〇〇人、市域面積六〇・四五平方キロメートル、奥州街道と陸前浜街道が合流する位置にある古くからの門前町である。東日本大震災では、沿岸部の六集落(相野釜、藤曽根、二野倉、長谷釜、蒲崎、新浜)が壊滅し、一八一名の方が亡くなられた。津波による浸水域は市域の四八%に及び、基幹産業である農業に大きな影響を与えた。被災直後、岩沼市は、バラバラに避難していた人びとを集落毎に集まるように指示をだし、顔の見えるコミュニティを何よりも大切にする方針とした。結果的にこれは、仮設住宅、防災集団移転事業のすべてに適用され、三年半で集団移転を完了させるという復興の基盤となった。

被災直後の大きな課題は、当該地域は、三陸リアス式海岸地域と異なり、平坦な沖積平野であり、逃げる高台がなく、また、過去にこれだけの津波の経験もなく、復興の道筋が全く見えないことであった。市の採択した方針は、迅速に対応しなければならない被災者の生活の安定とあわせて、科学調査にもとづく長期的な復興の理想像を描くことであった。一見、矛盾する

図 7–11　津波から残存した神社，浜堤上の微高地に位置する

と思われたこの方針は、結果的にみれば、早期復興の大きな足掛かりとなった。多くの学術研究者の協力を得て、被災地の調査が実施された。その結果、平坦に見える沖積平野には、阿武隈川の氾濫により数千年にわたり形成されてきた「微地形」が存在し、わずかな標高の差で、津波被害が大きく異なることが解明された。古い集落は例外なく、自然堤防や浜堤上の微高地に発達しており(図7-11)、沿岸部からの集団移転の候補地が、こうして科学的調査により明らかになった。また、伊達藩から継承されてきた防潮林、貞山運河や、農村集落の屋敷林であった居久根も、津波の勢いを減衰させていることがわかった。

復興まちづくりは被災者が主役

この科学的調査を、被災者自身が実感し、理解し、新しいまちをつくっていくために、まち歩きと徹底した話し合い(寄り合い)の場が持たれた。仮設住宅の集会所に被災者が集まり、図面を基に自主的な住民ワークショップが繰り返し行われた(図7-12)。寄り合いは、一〇〇回以上に及んだ。これを基に、正式な復興会議が、被災から一年後の二〇一二年六月にたちあがり、二〇一三年一一月、防災集団移転促進事業に基づく、新しいまちの姿が決定された。

新しいまちは、六つの旧集落がクラスター状にまとまり、緩やかなコミュニティを形成し、かつての貞山運河が旧集落を結び付けていたように、中央を緑道が通り、大小四つの公園がネットワーク化されているものとなった。集落の周りは伝統的な居久根(いぐね)で取り囲むものとした。このような文化資産については、復興予算は認められなかったため、被災者は諦めるかどうか、寄り合いを重ね、自力で創り出すこととし、同時に全国から支援をあおいで、植樹を行った。津波の襲来に対しては、巨大な防潮堤を建設することは不可能であり、「多重防御」という方策が導入された。これは、海岸線から防潮林、貞山運河、居久根という津波を減衰させる緑地を保全・整備することにより、完全に津波を防ぐのではなく、破壊する力を弱め、持続可能な地域を選択したものであった。図7-13は、津波の被災から奇跡的に残存した貞山運河の一八一本の

図7-12　仮設住宅での住民ワークショップ(2012年7月)

図 7-13　津波から残存したクロマツ，保全された貞山運河

クロマツであり、「文化的景観」とは何かを語りかけている。司馬遼太郎は、かつて、この地を訪れ、次のように記している。

「これほどの美しさでいまなお保たれていることに、この県への畏敬を持った。（略）仙台藩の後身らしく、武骨で教養のある風儀が、そのことで察せられるのである」

混沌とした復興の場で、地域、コミュニティが帰っていくことのできる文化の場を発見することが、何よりも大事であると考える。

5　北の大地・帯広の森

十勝平野は、日高山脈、石狩山地、白糠（しらぬか）丘陵に囲まれており、南部は太平洋へ広がる。中央を十勝川、札内（さつない）川、音更（おとふけ）川が流れる。開拓は、一八八一年、依田勉三の率いる晩成社の帯広への入植から始まった(戸数一四戸、図7−14)。開拓は、トノサマバッタの大発生等、苦難の連続であったが、一八八八年に札幌道庁殖民課は、「此の地、将来において運輸の便、生産の富、位置のよろしきを有す」と帯広の地を高く評価し、測量を行った。そして、一八九五年には斬新な市街予定図を作成した(図7−15)。

格子状の区画に、大胆な放射街路と広場が導入されており、ワシントン型の街区構成をモデルとしたものだった。考案者は、札幌農学校第一期生の内田瀞、田内捨六、柳本通義等であり、今日なお、帯広の「水光通り」として歴史を刻んでいる。街区形成の意図を、格子型街路は「効用の原理」、斜路の広場は「参加の原理」とし、火防線としての役割も有した。新天地にかける決意が伝わってくる。一九〇五年に釧路線、一九〇七年に十勝線が開通すると、豆に代表される雑穀の取り引きが活発に行われるようになり、ビート工場、バター製造、そして十勝に豊富にあるカシワの樹皮からタンニンをとり、皮なめしの素材とする工業が盛んとなった(図7−16)。軍需需要もあり、製渋業は隆盛を極めたが、アイヌの人びとが護ってきたカシワ林は消滅していった。

帯広は、一九三三年四月、市制をしいた(戸数六二五〇戸、人口三万二五〇六人)。一九三四年三月には「帯広市風致景勝地・行楽遊観地・その他調査書」が策定された。

①水公園（一・八ヘクタール、一九二六年開園）：水光園、帯広川支流の清冽な湧水のある場所。
②緑ケ丘公園（八八・三ヘクタール、一九二九年開園）：南部の十勝刑務所のあった場所を、帯広市が買い取り公園としたもの。③三井公園、④南豪植物園、⑤帯広競馬場、⑥鈴蘭公園、⑦帯広川逍遥地帯、⑧大通り公園予定地、⑨防風林及びその他樹林地帯（国有林五〇・五ヘクタール）等である。

市内の公園だけではなく、河川逍遥地や防風林も含む、壮大な緑地計画であった。なかでも、

図 7-14　晩成社移民団（帯広百年記念館所蔵）

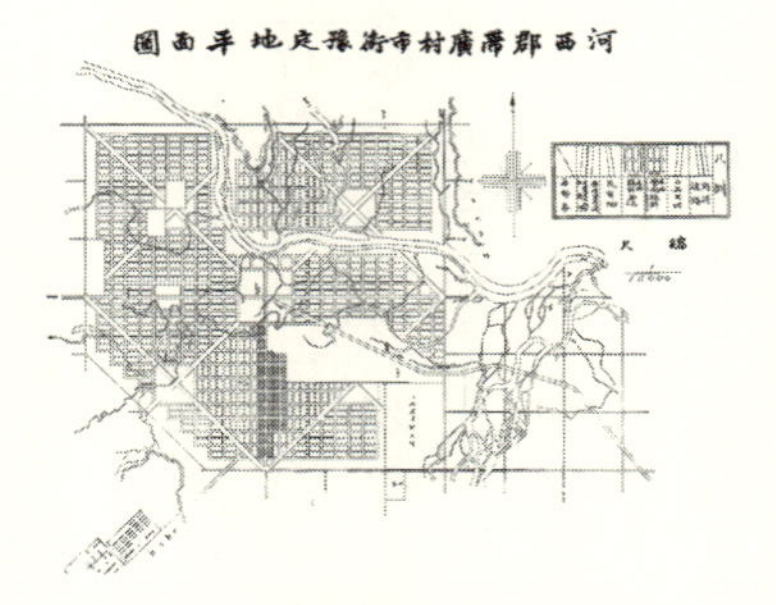

図 7-15　帯広村街路予定地平面図（出所：平成 15 年『帯広市史』）

図 7-16　カシワの樹皮を剝ぐ作業（出所：『十勝国産業写真帳』）

市の将来の発展を予測し、緑ケ丘公園を、国から用地を買い入れ整備したことは、百年後の今日、大きなレガシーを市民に提供している。十勝池が掘られ、植樹が行われ、豊かな湧水を活かした逍遥路がつくられた。湧水はほぼ枯渇したが一カ所のみ残存し、滾々（こんこん）と水が湧き出でている。豊かな潜在力をいかに回復していくかが問われている。

「近代田園都市」と「帯広の森」

戦後、日本が高度経済成長に突入する時代、第五代帯広市長として、吉村博が就任した。吉村は、まちづくりは戦略的に行うべきとし、当時は、ほとんど行われていなかった「総合計画」を一九五九年に策定した。市の発展の基本的方向として、文化・産業の振興とあわせ、「北方の風土を生かした、住んで気持ちのよい美しいまちづくり」を掲げた。この市民の誰にでもわかる目標が、今日の帯広市の土台となっている。吉村は、一九六九年六月にウィーンで開催された国際地方自治体連合の国際会議に出席する機会があり、ウィーンの森を訪れ、一気に帯広の森へと構想がふくらんだと言われている。帰国後、時を置かず、一九七〇年九月、「帯広の森と街を創るグリーンプラン」を提示した。概要を記す。

「街を抜けると森がある。どの道をいっても、その前に十勝特有の大樹林が大きく我々を迎

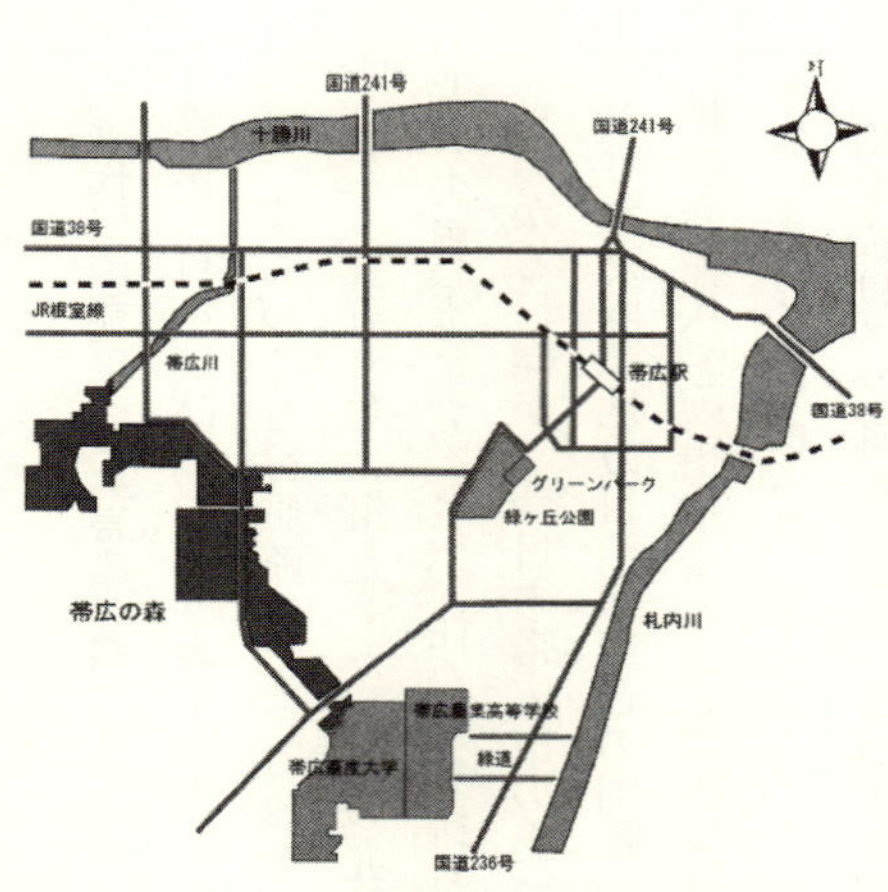

図 7–17　近代田園都市(提供：帯広市)

え入れる(略)。市民の誰もが緑と太陽につつまれ、家族揃って一日を楽しく過ごす森、百年、二百年後の夢を描き、希望をもって新たな伝統と創造を生み出す母の森、この森が帯広の森である」

そして、帯広市の将来人口を二〇万人とし、市の南西部に、延長一一・五キロメートル、幅員五五〇メートル、面積六八六・一三ヘクタールの森を創り出し、北部の十勝川、東部の札内川と結び、緑地で帯広のまちを取り囲む構想を掲げた。この案は、第二期帯広市総合計画(一九七一〜八〇年)の主要施策となり、市議会での論戦が展開された。

質問「森の莫大な事業費に対し、市民は都市基盤整備及び生活環境の充実を求める声も大きい」

吉村「市民全部が、「よし、わかった、子孫のために、将来のために、何百年後のためにそれだけの力をだしていこうじゃないか」、という納得がいただけなければ、帯広の森は意味がないと思います」

こうして、白熱した議論の結果、帯広の森造成事業計画は、一九七三年一一月五日、賛成一八、反対一五という僅差で可決された。「帯広の森」の面積は、最終的に四〇六・五ヘクタール、幅員五五〇メートル、延長一一キロメートルとなった(図7-17)。一九七五年に開催された第一回植樹祭は五〇〇〇人の参加であったが、増加を続け、第三〇回(二〇〇四年)までに、一四万八〇〇〇人、二三万本の植樹が行われた。

科学的森林育成計画の存在

帯広の森のもう一つの大きな特色は、科学的森林育成計画が、はじめに策定されたことであった。作成者は以前、帯広営林局に在籍していた牧野道幸であった。ここでは、地形、地質調査を踏まえて、森の育成の基盤となる植物社会学に基づく「現存植生図」が作成された。立地の有するポテンシャルを現地調査により科学的に検証し、百年の計を立てる基礎的作業が、五〇年前に行われていたのである。畑地として開墾された台地上の森林の基本形は、落葉広葉樹林(カシワ－ミズナラ林)とされた。帯広の森には台地を開析して流れる帯広川などの小河川が存在しており、段丘崖と沢筋に沿ってヤチダモ－ハンノキ林が分布している。現在、このエリアは生物多様性の宝庫となっている。苛酷な自然環境の中で、成長に時間を要するエゾマツ、トドマツ、耕地防風林のカラマツ林、植林の過程で導入されたチョウセンゴヨウ等の針葉樹については、現在、林業の経験者がサポーターとして活動しており、適切な間伐を行い林床(りんしょう)に光が差し込む森を子どもたちと共に創り出している。

帯広の森では、現在八つの市民団体が、それぞれ区域を受け持ち、活動を行っている。エゾリスの会、NPOぷれいおん・とかち、帯広の森サポーターの会、美幌報徳会、森づくりサークルもりとも！、森の回廊@十勝、日本森林林業振興会、帯広の森町内会有志等である。

かつて開墾された畑と耕地防風林であった地は、豊かな森が立ち上がり、農業、市民菜園、スポーツ、国際交流の拠点（JICA）等、市民だけではなく、世界の人びとが訪れる、多様性あふれる杜へと展開を遂げた。アイヌの人びとが護ってきた、千古斧鉞(せんこふえつ)を知らぬ森は、明治期の開拓により日本有数の農業地帯となった。まちづくりの夢を、ワシントン、ウィーン、田園都市と、世界に繋げ、十勝の風土に溶け込みながら、市民の力で実現させていったことは奇跡とも思われる。何よりも一人一人の魂の自立を尊重する開拓者精神が脈々と流れていることを思う。

遥かに連なる日高山脈の峰々は、このような営みを、変わらぬ姿で抱擁している。

6 鎮魂の杜・広島

一九四五年八月六日、広島市の上空は、紫紺色に美しく澄みわたり、視界に雲一つなかった。午前八時一五分、原子爆弾が投下され、夥しい数の人びとが亡くなられ、まちは壊滅した。

「強烈な熱閃光が市街地をおおい、大爆音がとどきわたると、一瞬のうちに、広島はたたきつぶされていました。巨大な火柱が中天めがけて噴き上がり、もうもうたる爆煙が渦巻き立ちました。死者、負傷者が続出し、全市が生き地獄となりました。各所に火災が発生し、たちまち猛火となりました」(『ヒロシマ読本』)。

廃墟の中からの復興は、苦難の道のりであった(図7-18、7-19)。広島を、恒久平和を象徴する都市とするために、一九四九年五月、「広島平和記念都市建設法」が衆参両院で満場一致で可決され、同八月六日に公布された。同法に基づき、爆心地を中心とし、平和記念公園が創り出されることとなった。

どのような公園とするかについては、一九四九年四月、全国から募集することとなった。同年七月二〇日までの応募作品一四五点の中から、東京大学助教授丹下健三、浅田孝、大谷幸夫、

図 7-18　1945 年 11 月，原爆投下後の広島県産業奨励館(原爆ドーム，米軍撮影．広島平和記念資料館所蔵)

図 7-19　原爆ドーム(1996 年 12 月世界遺産に登録)

木村徳国の四氏の共同作品が選ばれた。原案は、東西に計画された一〇〇メートル道路を正面とし、東に平和記念本館、廊下により中央の記念陳列館と西側の集会所をつなぐもので、中央をピロティとした。南北に軸線を配し、アーチ状の平和記念碑と原爆ドームが、正面から見通せるようにしたもので、これを支える緑地帯が配された。被災直後は、七〇年間は一木一草、生えないだろうと言われた地に、豊かな森が描かれている。焼野原のあちこちに、ヒメムカシヨモギが生え、背丈ほどにもなった。人びとは、青々とした草をみて、生きることのできる喜びを感じたという。原爆死没者慰霊碑には「安らかに眠って下さい　過ちは繰返しませぬから」と刻まれている。

平和記念公園の、蒼穹へと連なる鎮魂のランドスケープは、古くから信仰の場として護られてきた厳島神社に繋がるものであると、設計者の丹下健三が述べている(図7-20)。

厳島神社は、深い原生林に包まれた弥山(みせん)を背景とし、本殿から、海に浮かぶ大鳥居を経て、大空へと繋がる自然と一体となった空間である(第七章章扉)。潮の満ち干により、景観は刻一刻と変化し、干潮時には、多くの人びとが大鳥居の下で、集(つど)うことができる(図7-21)。杜は、平和を願う「祈り」の原点である。

図 7-20　平和記念公園

図 7-21　厳島神社大鳥居．干潮(2025 年 3 月 2 日 14 時 38 分)

これらの事例を踏まえて、日本における「社会的共通資本としての緑地」の基本的要件は、次のようにまとめることができる。

第一は、それぞれの地域が有する自然環境を踏まえて、「社会の冨」となりうる「理念」を有していることにある。

第二は、実現のための法・財源は

多様であったが、特筆すべきは、いずれも「戦略的計画」が構築されたことにある。「計画なくして実現なし」の原則を読み取ることができる。

第三は、持続的維持のためのステークホルダーの存在であり、すべての事例に共通していることは、「市民が主役」であるという動かぬ事実である。

今回の神宮外苑再開発が、ここに述べた「理念」「次世代へとつなぐ計画」「市民協働」のいずれの要件をも満たしていないことは明らかであろう。

展望

未来へと手渡していく社会の富

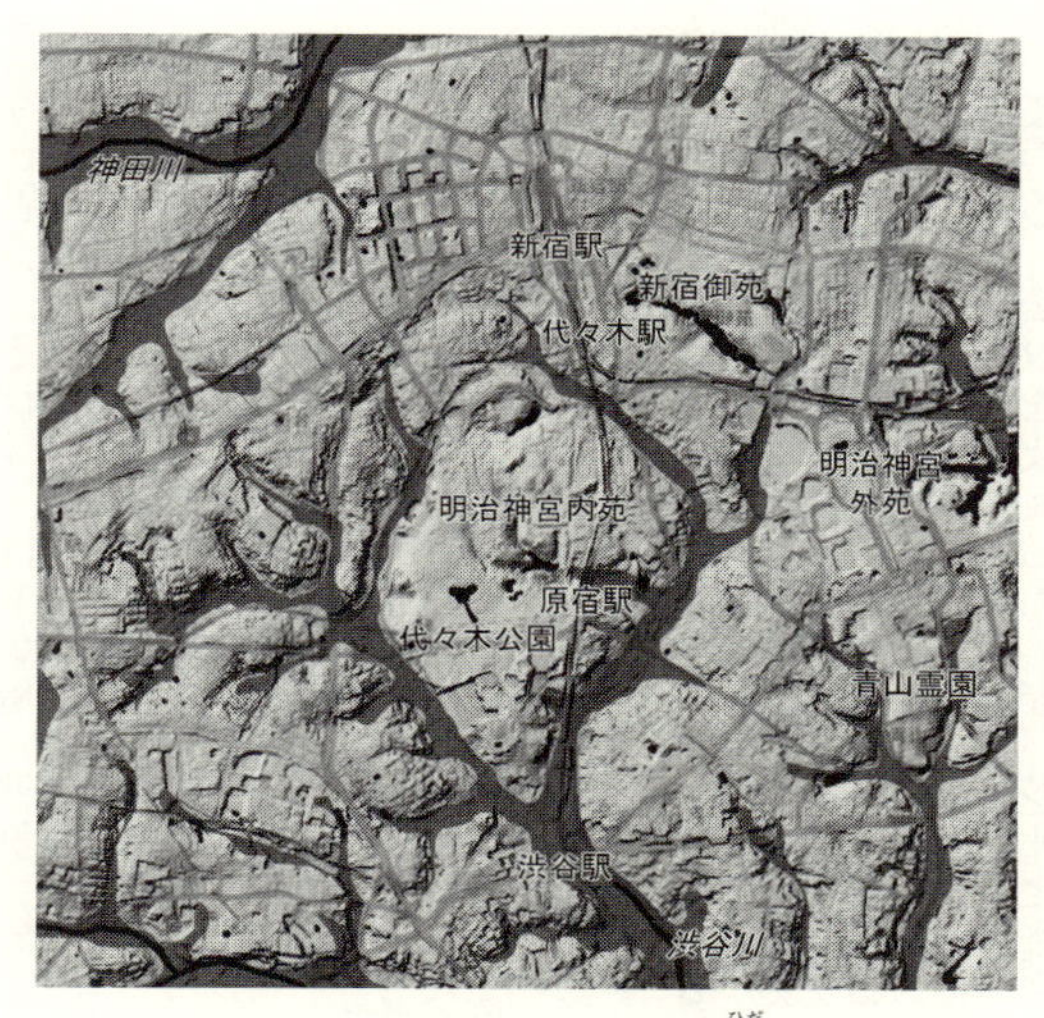

渋谷川流域圏．武蔵野台地の地形の襞（ひだ）．豊壌の大地とこれを支える湧水の織りなす物語が，文化としての「林泉」を支えてきた

私は、この考察を二つの「林泉」で閉じようと思う。それは、日本が暗い戦争への道へと突き進む直前に、一瞬の流れ星のように現れ、荒波を辛くも潜り抜け、手渡されている「社会的共通資本としての緑地」である。

1 市民的自由の場

近代が生み出した広場

その一つは、市街地再開発事業により、存亡の危機に瀕している神宮外苑である。一九三七年に刊行された『明治神宮外苑志』(明治神宮奉賛会)は、題字が示す通り「志」の書であり、大著の冒頭に掲げられた写真の一つが、絵画館から中央の芝生広場を俯瞰したものである(図展-1)。絵画館前のバルコニーには、緻密な石工が施されており、その直下には、花崗(かこう)岩で縁取りされた角池(かくいけ)が配された。中央には二条の遊歩道のほかは遮るものはなく、遥か後方に控えるイチョウ並木から蒼穹へと連なる意匠となっている。これを支えるものが、芝生に配された疎林であり、写真右手には、スダジイ、シラカシ、ユリノキの大木が配され、対照的に左手には

図展-1　創建時の芝生広場．絵画館より青山正門を望む(昭和初期)

ヒマラヤシーダーの針葉樹林が配されている。これらの樹木は、百年の星霜を経て、隆々として現存しているが、縁辺に位置する樹木を除き、会員制テニスクラブを建設するために、伐採される計画となっている。折下吉延は、「外苑風致の基調は、芝生にあり」と述べている。

芝生広場に明快な風趣を添えるため疎林を配し、次第に密度を増し、樹林地を形成する構成となっている。この樹林地は、再開発により会員制テニスクラブとなり伐採される。

外苑のシンボルは、この広場にある。終戦後、接収により各種スポーツ施設が導入され軟式野球場となった。一九五二年三月三一日に接収は全面解除され、同年五月一日、第二三回メーデー会場となった。外苑広場から行進したデモ隊の一部約六〇〇〇人が皇居前広場に突入し、「血のメーデー事件」となった。外苑をメーデー会場とするには、賛否両論があったが、民主主義を重んじる判断が下され、代々木公園の広場ができるまで、外苑では一二回、メーデーが開催され、戦後の民主主義を支えた（図展-2）。

図展-2　外苑最後のメーデー（1963年）

沈黙の言葉

読者の皆様は、唐突に思われるかもしれないが、図展-3は、折下吉延が首都ワシントンで入手した報告書に記載されている一九世紀末の国会議事堂前の風景である。議事堂直下にはペンシルヴァニア鉄道の駅舎があり、線路が横断している。現在の芝生広場は樹林地であった。おそらく、現在のアメリカ市民も知らない歴史かもしれない。折下は、凜（りん）たる技術者であり、多くを語ることはなかった。しかし、その意志は創り出した空間に凝縮されている。軍国主義の道へと転がり落ちる時代にあって、言葉に出すことはなかった創建時の人びとの「沈黙の言葉」に、私たちは、心して耳を澄まさなければならない。

図展-3　左は，アメリカ合衆国国会議事堂前(19 世紀末)．右は現在のナショナル・モール(国立公園に指定)

戦後、八〇年が経過したが、東京においていまだに接収時の姿をとどめているのが、外苑の芝生広場である。フェンスが張り巡らされ、写真を撮ることすら、警備員が現れ、制止するのが現状である。絵画館、芝生広場、イチョウ並木へと展開する開放的景観を遮断しているのが、国旗掲揚塔である。創建時には存在しなかったものであり、オリンピックが開催された一九六四年七月に、民間企業約七〇社が資金を出し建設が行われ、開催中は、左右に参加国の国旗が翻ったと言われている。その役割は終わっており、創建時の「志」に立ち返るべきである。今後、会員制テニスクラブが建設されれば、近代が生み出した広場は永久に消滅する。計画を認可した東京都、事業者である三井不動産、伊藤忠商事、明治神宮、日本スポーツ振興センター、背後に控える一部の政治家により、国民が生み出した市民的自由を支える空間が、歴史の闇に葬り去られて、よいのであろうか？

ヘリテージ・アラートが意味するもの

広場は、市民的自由の発露の場である。この本来の姿を取り戻すことは、社会の合意により、達成することが可能である。二〇二三年九月七日、ユネスコ世界遺産の諮問機関である国際記念物遺跡会議（イコモス、本部パリ）は、文化遺産である神宮外苑を護るため、再開発の撤回を求める「ヘリテージ・アラート」を発した。図展-4は、その中で提案を行った代替案である。何よりも、市民的自由の場である「芝生広場」を創建時の姿にもどすことを目標としている。

現在の秩父宮ラグビー場と神宮球場を動かすことなく現地でリニューアルをし、基盤となるランドスケープに創建時に計画されていた林泉を導入した案である。神宮球場は、多年度にわたりすでに耐震工事が行われており、由緒ある歴史的球場として保全していくことが望ましい。新しく建設されるラグビー場は、屋根付き、人工芝であるため、ラガーマンの精神に反すると強い反対意見がある。構造的には、耐震改修は可能と診断が下されている。また、この案は、

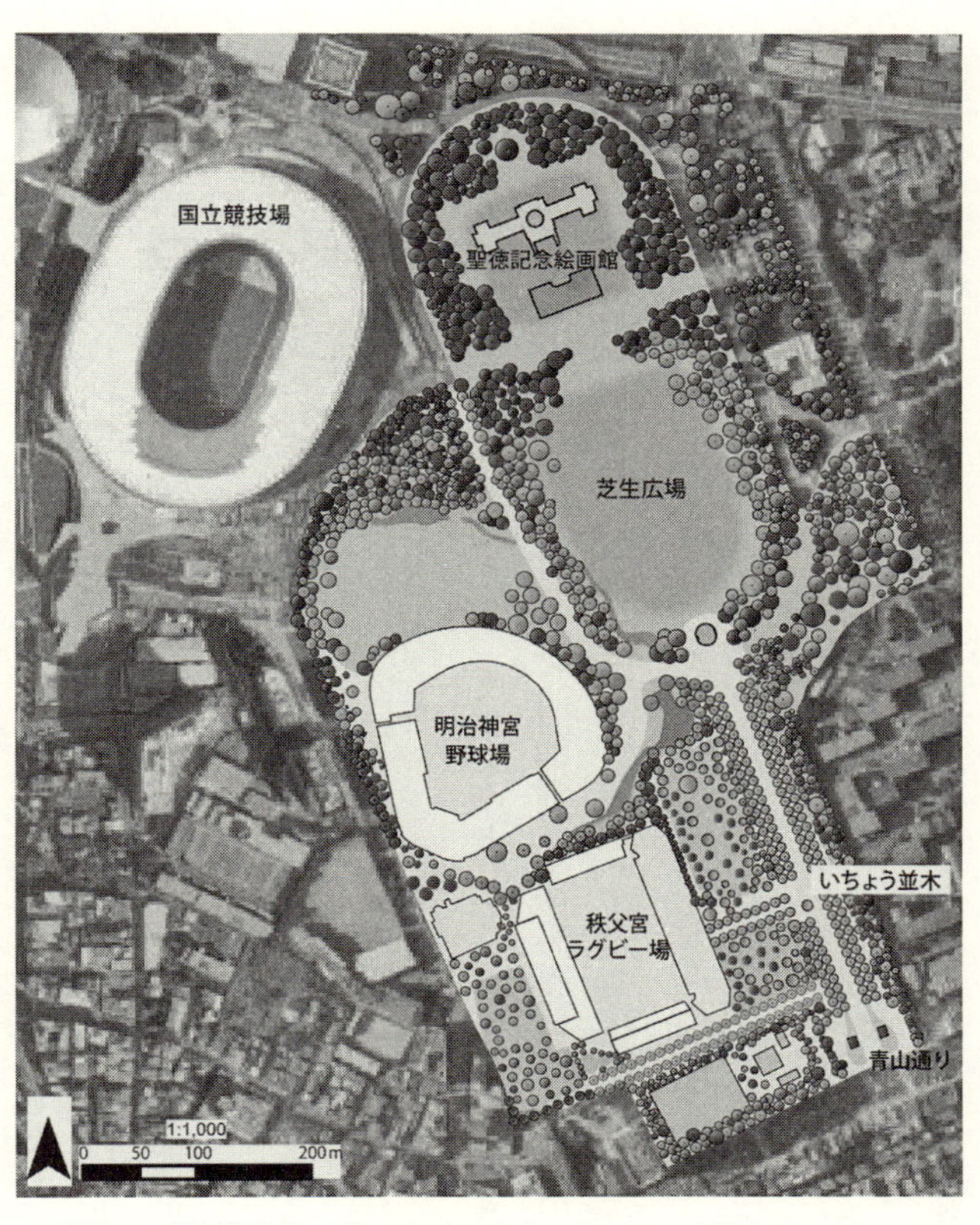

図展–4 「神宮外苑・夢のかけはし」. イコモスが発したヘリテージ・アラート(2023 年 9 月 7 日)に, 地球温暖化に伴うイチョウ並木の衰退を踏まえ, 樹林地を追記(2024 年 12 月)

幹線道路の整備が終わっていることから、苑内は、歩行者苑路としたものである。空間にゆとりが生じ、事業者の伐採樹木数六一九本、移植樹木二四二本(二〇二四年九月九日公表)に対して、伐採樹木は、病虫害で伐採せざるを得ない数本のみであり、移植は基本的に生じない。歴史的樹木はすべて保全することができ、さらに新しい樹木を多数、植栽することができる。神宮球場も外野席の拡張が可能で、文字通り「杜の野球場」にすることができる。

「文化資産・都市公園」への道筋

それでは、財源はどのようにしたら、文化資産としての外苑を再生できるのであろうか？

今回の再開発の理由は、「内苑を含めた明治神宮全体の護持には外苑の収益がかかせない」と、明治神宮が説明をしておられる。「収益構造は外苑が約八割、その六〜七割は、神宮球場からの収入」であり、神宮球場の建て替えと再開発が必要と述べている。経営の内容は公開されていないが、護持していくための歴史的要望や社会的誓約(第五章参照)を遂行する力がないと、明治神宮が明言されたのであるから、私たちの社会は、適切な方途により、文化資産としての外苑のサステイナビリティを確保していかなければならない。

いま、最も必要とされることは、明治神宮の歴史的・社会的誓約に信頼を置く、現行の「準公園」や「都市計画公園」の法的制度ではなく、公的資金と市民の協力により、「文化資産である都市公園」として、社会全体が責任を担うことである。絵画館や神宮球場は明治神宮にとって必須であるため、市民的自由の場として歴史を刻んできた中央の芝生広場を、国・東京都・新宿区・港区等が応分の負担をし、かつ市民が協力をして土地を取得し、都市公園として「社会の構成員の誰をも排除しない」場とすることを基本としなければならない。明治神宮は、その売却益により神宮球場のリニューアルを含め、内苑の護持に充当することが可能となり、無謀な再開発は不用となる。

明治以降の近代化の中で、大規模な公園緑地化は、社寺境内地や軍用地の開放等、土地利用の転換により行われており、社会的費用を充当し担保されたことは、稀有であった。

市民と行政が手を携えて、杜を護った最初の事例が鎌倉である。鶴岡八幡宮の裏山が開発の危機に瀕した時、作家の大佛次郎等が声をあげ、鎌倉市民が「風致保存会」を設立し、資金を募り、土地を購入し保存した。これを受けて、議員立法により「古都における歴史的風土の保存に関する特別措置法(古都保存法)」が制定された(一九六六年)。この法律は、開発の危機に瀕していた杜を、国・県・市が応分の負担をし、購入することにより、古都の緑を護ったものである。現在、全国の一〇市町村に適用され、「歴史的風土」を後世に引き継ぐべき「国民共有の文化資産」として、適切な保存が行われている。

外苑の場合は、樹林地を特別保全緑地に指定し、例えば、国・東京都・港区・新宿区が応分の負担をする取り決めを行い、明治神宮より、購入時と同様に時価の二分の一で中央の芝生広場の土地を買い入れることにより、公園の枢要部を公共が責任をもって維持していくことが可能となる。運営は、垣根をつくらずに一体的に行う。資金については、新宿区の場合は苑内の区道が廃止となるため、国に売却し、買い入れ資金に充当すれば、区民の負担は、ほぼ生じず広域避難地を確保できる。市民・行政・学識等の公明正大な協議会を立ち上げ、検討を行っていく必要がある。

2　挫折することのなかった東京の杜

日本の公園の源流

第二は、神宮内苑である。この地は、第三章で詳述したように、彦根藩井伊家の下屋敷であり、江戸のまちと農村の境界に位置していた。大きなモミノキがあり、多くの人びとが訪れる、開かれた「林泉」が営まれていた。『遊歴雑記』には、このモミノキの空(うろ)に、水が湛えられており、人びとは竹筒にいれ持ち帰り珍重したとあり、「その水、清潔にして味い、少し渋く、辛きがごとし」と記載されている。幕末には、ペリーの来航を、このモミノキに登って確認し、桜田門外の井伊家へ報告したと言われている。この木の傍に農家が一二軒あり、井伊家の足軽として取り立てられ、モミノキを護る仕事をしていたと記載されている。

江戸期の「林泉」は、このように閉じられたものではなく、小石川後楽園、中野の桃園、品川の御殿山、飛鳥山、仙台の榴ケ岡、水戸の偕楽園、白河の南湖、松本の城山等、全国各地で「共楽の場」として開放されていた。

焦土の中から実現した内苑と連続する代々木森林公園

内苑の杜の面積は、現在約六九・九ヘクタールであるが、隣接する代々木公園の六五・八ヘクタールが加わり、現在、合計一三五・七ヘクタールと、皇居に次ぐ大規模緑地となっている。

戦後の急速な都市化の進展の中で、いかにしてこのような奇跡の杜が実現したのであろうか？そこには、戦災による焦土の中から東京を蘇らせようと心血を注いだ、ほかならぬ東京都職員の獅子奮迅の努力があった。一九四五年一二月、戦災復興院計画局長及び内務省国土局長から各地方長官あてに、全国の都市にある軍用地を調査し、都市計画緑地とするよう指示が出され

図展-5　東京都復興計画一覧図（1946 年）

た。その内容は次のようなものであった。
「従来全国都市の緑地は面積が狭小であって、このままでは将来市民の保健衛生上から極めて寒心に堪えないため、緑地面積を市街地面積の一割以上として整備すること」

東京では代々木練兵場跡、函館の函館山公園、仙台の宮城野公園、横須賀の観音崎公園、福岡の平和台公園等は、軍用地が公園化されたものである。

東京都に関しては、一九四六年四月「戦災復興都市計画」が策定され、代々木練兵場を森林公園として整備し、内苑・外苑・新宿御苑・青山墓地を包含する広大なエリアが「戦災復興計画緑地」として公示された（図展-5）。

しかしながら、代々木練兵場は接収されており、一九四六年に在日米軍施設であるワシントンハイツとなった（図展-6）。一九五九年五月二七日、東京でのオリンピック開催が決定され、選手村をワシントンハイツとする決定が行われた。選手村はオリンピック終了後、国立屋内競技場の敷地を除く全域を代々木森林公園とすることで、国と東京都で取り決めが行われていた。一九六二年、急遽、ＮＨＫが計画地への移転を希望した。しかし、東京都は、森林公園の整備は将来を考え、必須であるとして譲らず、強く反対した。結果的に国が調整を行い、港区の旧ハーディ・バラック跡地（現在の青山公園）、目黒区の旧前田邸（現在の駒場公園）の両国有地を公園として東京都の無償使用を認めることとし、森林公園区域のうち、八・二六ヘクタールをＮＨＫ用地とすることで決着した。代々木公園は六五・八ヘクタールとなり、今日に至る。

図展–6　ワシントンハイツ（元代々木練兵場跡）

何故、このような戦後の攻防を書き記したのかは、都市の基盤となる「社会的共通資本としての緑地」は、一朝一夕にはできず、先人たちから受け継いだ文化資産を、たゆまぬ努力により未来へ繋いでいくことが、それぞれの時代に課せられた責務であるからに他ならない。

代々木公園の整備にあたっては、正論を通そうと努力を惜しまなかった東京都が、外苑再開発にあたっては、三・四ヘクタールにものぼる都市計画公園の削除を要綱として作り出し、実施した。要綱は行政内部の文書であり、通常の都市計画決定のように審議会に諮（はか）られることもなく、住民意見を聞くために縦覧が行われることもない。また、削除された公園を、どのように代替するかは、論議すら行われなかった。

問題の所在

本書で詳述したように、内苑の杜は、水資源の枯渇、地球温暖化により加速しているナラ枯れ、明治神宮による社叢林（しゃそうりん）の伐採等により、衰退の危機にある。この問題は、明治神宮、そして再開発を進める一部の企業だけでは解決することができない。

また、内苑の杜は都市緑地法第一二条に基づき、特別緑地保全地区に全域が指定されている。これは、「都市における良好な自然的環境となる緑地において、建築行為など一定の行為の制限などにより現状凍結的に保全する制度」であり、内苑は、「神社、寺院等の建造物、遺跡等と一体となって、又は伝承若（も）しくは風俗慣習と結びついて当該地域において伝統的又は文化的意義を有するもの」として、一九七六年七月一三日に指定された（面積六九・九ヘクタール）。指定区域内で、木竹の伐採や建築物その他の工作物の新築、改築又は増築を行う場合は、許可が必要となる。

一九七一年以降、「御社殿東」の杜は、社務所・駐車場の建設により伐採された。この杜は、「みそぎ所」がある東池の水源涵養林となっていたが、現在、東池は茶褐色に濁っており、清冽な環境の回復は困難となっている。玉垣内の樹林地も、神楽殿の建設により失われた。

御社殿西の杜は、清正井の水源涵養域に相当するが、谷が埋められ、駐車場、手洗い、管理事務所、自動車専用道路となっている。また、管理上の理由から、御苑は一部しか開放されていない。管理が放置されたため、林床にはアズマネザサが繁茂し、武蔵野の生物多様性は失われている。皇居の吹上御苑において継承されている武蔵野の杜の豊かさとは、大きな隔たりがある環境となっている。JR山手線沿いの樹林地には、駐車場が整備され、売店やレストランが建設された。

近年、南参道の「神橋（しんきょう）」を渡った場所に「明治神宮ミュージアム」が建設された。この場所は、鳥居をくぐり、御社殿に向かう重要な結界の入口にあたり、造営にあたっては、南池からの渓流を取り入れ、石組みを配し、落葉広葉樹を配して特段の配慮により創り出された。この杜を伐採したことは、明治神宮の精神を著しく損なうものである。

内苑の杜は、全域が神苑ではなく、人びとの心を和ませる林泉として創り出されたことは、

第三章で詳述した通りである。南参道・北参道の鳥居の横に、鳥居をくぐらずとも、杜を散策できる苑路が設けられていることに、お気づきであろうか。参道とは別のルートであり、人びとの心を和ませ、杜を楽しむことができるようにと、創建時に、きめ細かな設計が行われた。

このような杜の思想は、伊勢神宮に起源を有する日本古来の伝統である。伊勢神宮は、一三〇〇年前、持統天皇の御代(六九〇年)に、二〇年ごとの「式年遷宮」が定められたが、長い間の御用材の切り出しで「御杣（みそま）山」の荒廃は著しくなり、一九二三年に、一三〇〇年前の姿に戻すために、壮大な「神宮森林経営計画」が策定された。現在は、ようやく百年を経過したばかりであるが、着々として、荒廃した森林の再生が進められている。

この計画の基本を定めるために委員会が設立された。そのメンバーは、明治神宮内苑の杜を担当した学識者である川瀬善太郎、本多静六、本郷高徳に加えて、理学博士の三好学、帝室林野管理局技師・和田国次郎、及び神宮技師等であった。

明治神宮内苑の最大の問題は、現在の杜をわずか百年前に創り出されたものとしていることにある。しかも計画は、現実を、科学的に厳しく検証する視点を有さず、「人の手を加えない」という非現実的なものである。

伊勢神宮千三百年計画は「人の手を加えることによる持続可能な杜」への着実な歩みを目指

したものであり、国際的にも高く評価されている。
それは、どのような計画なのだろうか？

3　伊勢神宮・千三百年の杜

伊勢神宮・「神宮森林経営計画」

伊勢神宮は、紀伊半島の東突端の志摩半島にあり、伊勢市の南部に位置し、神宮の杜は宮域林と呼ばれ、約五五〇〇ヘクタールにのぼる。五十鈴川流域の神路山、島路山、宮川流域の前山から構成されている。

伊勢神宮では、六九〇（持統四）年より、二〇年に一度の「式年遷宮」が、一三〇〇年間、行われてきた。平安末期、西行法師は伊勢神宮を訪れ、次のように詠んでいる。

　なにごとの　おはしますをば　知らねども
　かたじけなさに　涙こぼるる

式年遷宮に必要な御用材は、宮域林から提供されていたが、切りつくされ、すでに一〇一九（寛仁三）年の御遷宮では賄うことができなくなったと記録されている。一三四五（興国六）年に外宮の御杣山は、美濃国の木曽から御用材を調達することとなり、江戸時代には、尾張藩が、木曽の御杣山を護ることとなった。江戸後期になると「おかげ参り」が盛んとなり、全国から大勢の人びとが参拝にくるようになった。一八三〇年の「おかげ参り」では、半年間に延べ四五〇万人が訪れたと記録されている。このため参拝者への薪や炊き出し等で乱伐が進み、山火事の発生等、宮域林の保水力は失われ、五十鈴川は度々、氾濫を繰り返すようになった。

なかでも、一九一八年には大洪水が起こり、宮域林内では崩壊地が一九九カ所にのぼり、門前町もほとんどが浸水した。このため、宮内省の所管であった御料林は、伊勢神宮が一体的に管理したほうがよいということとなり、内務省に移管されることになった。一九二三年二月一七日、内務省訓令第四号により、「神宮神地保護調査委員会」が設立された。委員は一〇名であり、前述したように、川瀬善太郎、本多静六、本郷高徳等が任にあたり、「神宮森林経営計画」を策定した。その目的は明瞭であり、第一に五十鈴川の氾濫を防ぐために水源涵養林を育てること、第二に神宮の風致の保全であった。

伊勢神宮の宮域は、神域(内宮・外宮)と宮域林に分けられ、宮域林は、第一宮域林と第二宮域林に分けられていた(図展-7)。第一宮域林は、神宮の尊厳を保つことを目的としたもので、宇治橋付近から見えるエリアを風致林とした(約一一〇〇ヘクタール)。残りが第二宮域林で、そ

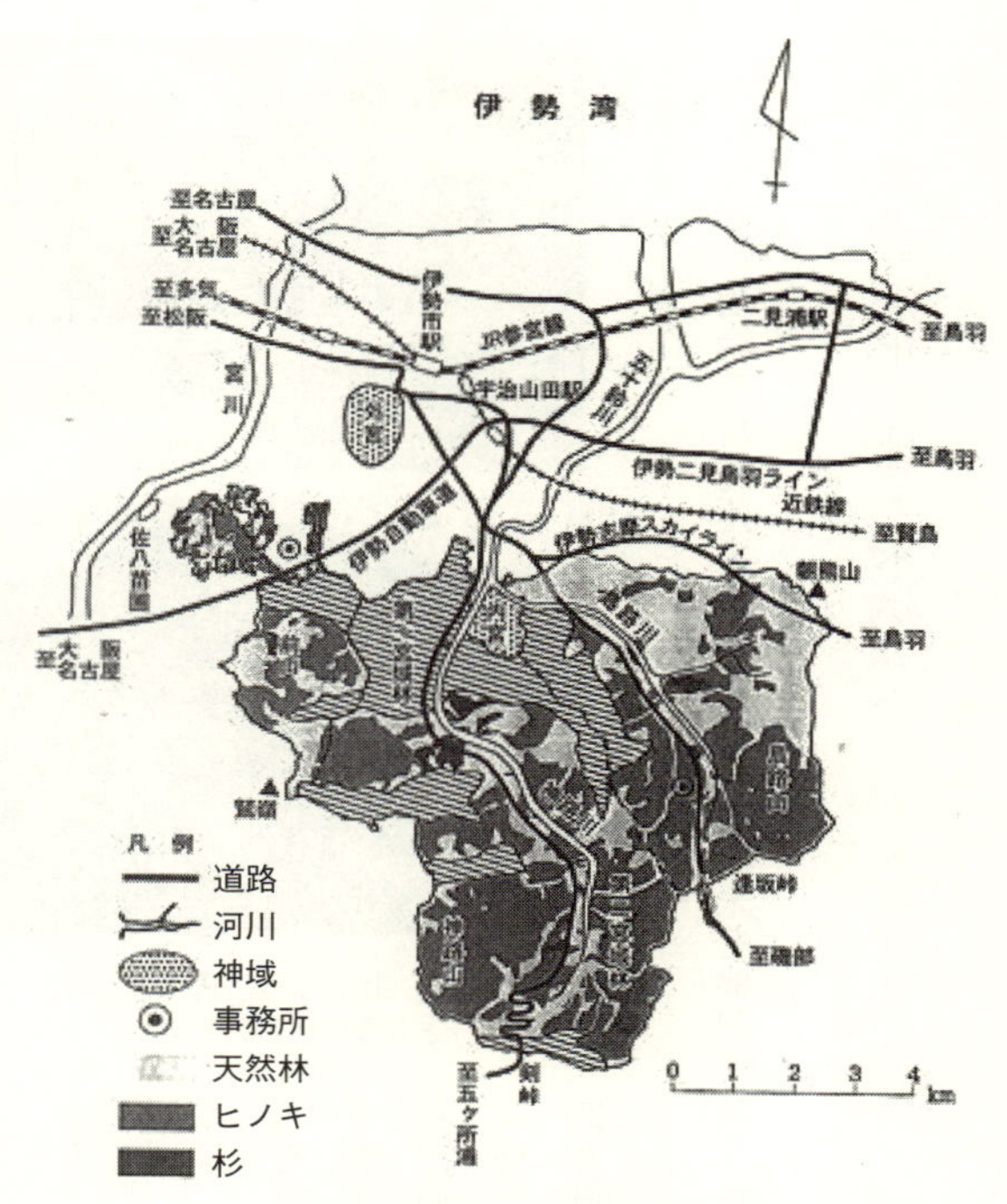

図展-7　伊勢神宮宮域林の位置図

の内三〇〇〇ヘクタールは、将来の御用材確保のためのヒノキ植林地となり、計画的施業が展開され今日に至る。基本は針葉樹の単純な森ではなく、広葉樹との混交林としたことである。日照を確保し、広葉樹の落ち葉等により土壌が豊かになり、保水力が高まり水源涵養機能を高めることを目標とした。一九二三年より、百年の歳月が流れ、現在では五十鈴川の氾濫は、起こらなくなっている（図展-8）。

伊勢神宮の千三百年計画は、式年遷宮に伴う乱伐による林地の荒廃を教訓とし、宮域林を、伐採を行わず天然更新を促すエリアと、御用材となるヒノキやスギの植林地に分け、人の手により、適切な管理を行い、広葉樹との混交林として保水力を高めていった戦略的な計画である。

図展-8　上下ともに御手洗（五十鈴川）と伊勢神宮宮域林

それでは、明治神宮内苑は、どのような未来を検討すべきなのだろうか。

4　「千年の杜・東京」へ

明治神宮内苑の杜の「持続可能性」を求めて

伊勢神宮の「森林経営計画」（一九二三年）を踏まえて、明治神宮内苑の杜の持続可能性については、少なくとも、次の三つの基本的柱が必要であることがわかる。

第一が、流域圏計画である。杜にとって不可欠なものは水資源であるが、明治神宮内苑は、この最も重要な計画を有していない。小川は、すでに消失しており、北・東・南池の水量の減少、清正井の持続可能性については、科学的検討が行われていない。

第二が、時間軸の計画である。伊勢神宮は、第一回式年遷宮が行われた六九〇（持統四）年の杜への回帰を目標として、一三〇〇年の計画を策定したが、明治神宮内苑は、わずか百年前の想定であり、歴史的経緯を踏まえた時間軸の目標が設定されていない。

第三が、立地特性を踏まえた異なる森林育成計画の必要性である。明治神宮内苑は、「手を入れない管理」という単一モデルであり、現在、これに適合しないエリアで適切な施策が導入されていないため、樹林地の衰退が進行していることは、本書で詳述した。

このように、持続可能な明治神宮内苑の戦略的計画への道程は、前途多難である。外苑再開発による利潤を得るという、事業者の近視眼的無策は、東京都が厳正な再審査を行い、科学的知見を取り入れ、社会が叡智を結集する取り組みを開始することが必須である。

第一の流域圏については、少なくとも展望扉に示した「渋谷川流域圏」の検討が必要である。

このためには隣接する代々木公園を含めた検討が必要であり、明治神宮のみでは解決できない。また、地下水流動の分析は必須であり地形・地質に依拠しているため、広域的なシミュレーションを行い、涵養域の同定を行い、水循環の回復を促す施策を検討していく必要がある。

第二の時間軸の設定は、少なくとも井伊家林泉が創り出された時代(一六四〇年)に遡るべきであるが、その時点では、すでに武蔵野の地形の襞を活かした土地利用は行われていた。当該地域で、最も古い社寺は大宮八幡宮であり、創建は、一〇六三(康平六)年、前九年の役を平定した源頼義である。大宮八幡宮にも、湧水が出ていたが、ついに二〇一七年に、枯渇した。当該地域に残る湧水は、内苑の清正井のみとなった。

武蔵野の情景を、きめ細かに記録したものとしては、菅原孝標女(すがわらたかすえのむすめ)が著した『更級日記』がある。一〇二〇(寛仁四)年、作者が一三歳の時に、父の菅原孝標が上総(かずさ)の国司の任期を終え、京へ帰る道中の情景を描写したものである。

「あずま路の道の果てよりも、なお奥つ方においいでたる人」にはじまり、「人まには参りつつぬかをつきし薬師仏のたちたまえるを、見捨てたてまつる悲しくて、人知れずうち泣かれぬ」と、別れを惜しみ、道中、「南ははるかに野の方みやらる。東西は海近くて、いとおもしろし。夕霧たちわたりて、いみじうおかし」と、往時の情景が、少女の優しい目線から伝わってくる。

井伊家林泉に立ち戻れば、『遊歴雑記』には、「神代よりの古木とやいわん」と書かれたモミノキがあり、「みな往来の旅人、このモミノキを目当てとし、東西南北をわきまえ、むさしのに路迷わずして、旅行せし」と記載されている。

以上から、内苑の杜は、わずか百年前に荒野からつくられたのではなく、遥か神代に遡る、人と自然の織りなす営みにより継承されてきた杜であることがわかる。このことから、第二の課題である目標とする時間軸は、千年の歳月を基本に据え、ヴィジョンを描いていく懐の深さを、現代に生きる私たちが持つことは、許されることなのではないかと考える。

第三の立地特性を踏まえた異なる森林育成計画については、科学的方法論の適用が可能である。その理由は、神宮内苑は、一九二四年、一九三四年、一九七一年、二〇一三年の約百年に及ぶ毎木調査のデータがあり、かつ、二〇一三年には、応用植物社会学に基づく「現存植生調査」が実施されているからである。現在、一五種類の群落区分が行われている。この区分からも、内苑は均一な杜ではなく、多様な森林群落が地形の襞、水環境に応じて、モザイク状に発達した杜であることがわかる。

一五種類の群落は、大きく、台地上の常緑広葉樹林(クスノキ－スダジイ群落)、谷部のスギ林の立地にクスノキが優占している針葉樹・常緑広葉樹混交林、江戸時代から継承されてきた「御苑」の落葉広葉樹林（イヌシデ－コナラ群落）に分けられる。このほかに、近代自然風景式庭園の広大な芝生地が広がっている。

台地上のクスノキ、スダジイが優占する常緑広葉樹林は、内苑の主景となっており、御社殿の周りや参道に沿って分布している。この常緑広葉樹林は、ナラ枯れによりスダジイ、シラカシ等が枯死する事態となっている。また、明治神宮による伐採が行われており、どのような未来を想定して、樹林地を回復していくかの検討が必要である。

谷部には、清らかな水流に沿って、豊かなスギ林が営まれていたことが、造営時に作成された『神宮敷地現在林況図』に記録されている（一九一五年作成、明治神宮所蔵）。スギ林は、当時、煙害により滅びゆくものと考えられていたが、内苑では、周りを取り囲む常緑広葉樹林の発達により護られ、二一世紀の今日まで生育している。スギ林は、伊勢神宮の杜のように、人の手を加え育成していく必要があり、現行の放置施策では、美林を継承していくことは不可能である。スギが伸びやかに屹立し、地表を覆う無数のヤブコウジの赤い実が木洩（こも）れ日の中に輝く情景は、日本の「伝統美」であると筆者は考える。大都会の中でかろうじて命をつないでいる杜を、二百年、そして三百年先までも育てていく使命が、私たちに課せられている。

井伊家より継承されてきた「御苑」のイヌシデ－コナラ林は、いわゆる武蔵野の雑木林である。雑木林は適切な人の管理と萌芽(ほうが)更新が行われ、持続されてきた杜であり、維持のための抜本的検討が必須である。

内苑において特筆すべきは、雑木林の中に、失われたと考えられているモミノキの子どもたちが逞(たくま)しく生育していることであり、このことは、ほとんど知られていない。

一九二四年における内苑全体でのモミノキは、目通り周り三〇センチメートル以上で二八二本、一九三四年には二七九本、一九七一年には一三九本、二〇一三年には、八六本であった。大気汚染や植生遷移により、駆逐されていくものと想定されていたモミノキであったが、一九二四年の本数の約三分の一が生育している。これらのモミノキは大径木となっており、目通り一メートルをこえるものは、二五本にのぼる。その多くは、雑木林であった御苑に集中している。かつて「神代よりのモミノキ」が存在した内苑であり、千年の杜を目標とすることは、理にかなったものである(図展-9)。

内苑に隣接する武蔵野の地には、将軍家の鷹狩りの場であった御留山(おとめやま)があり、新宿区と地元の市民の協力により、武蔵野の杜として蘇った。神田川上流には、いまも池底から滾々と水が湧く井の頭池があり、善福寺池には、枯渇したが遅野井(おそのい)の湧水があった。東京の中央には、皇

神代よりのモミノキ．戦災により焼失（1925年の絵葉書，（公財）東京都公園協会所蔵）

明るい雑木林の中で大木に成長しているモミノキ（2024年5月）

管理が放棄された雑木林．アズマネザサが繁茂（2024年5月）

早春の小雨に煙る杜の妖精カタクリ．アズマネザサを刈り取った明るい林縁（2024年3月）

図展-9　モミノキとアズマネザサ

居の吹上御苑がある。「林泉」の伝統を生かし、内苑の再生を一つの契機とし、「千年の杜・東京」を、地球環境時代の目標とし、誇り高い日本の文化を発信していきたいものと考える。

5　杜の思想

「杜」という言葉は、古くから使われている。「森」がこんもりと木の繁ったところを意味するのに対して、万葉集では、「社」を「もり」とよび、神が降臨されるところと考えられていた。「木綿かけて斎ふこの社越えぬべく思ほゆるかも恋の繁きに」(作者不詳)。「もり」は、「森、杜、社」と様々な表記がみられる。同じ万葉集では「山科の石田の杜に幣置かばけだし我妹に直に逢はむかも」(藤原宇合)と、「杜」と詠まれている。

四季折々の移ろいの中で、自然と共に暮らす日本の伝統は、「林泉」という言葉に昇華され、社会的共通資本として担保していくために、「公園」そして「緑地」という用語が誕生した。

明治以降の近代化の中で、「杜」という言葉が新しく登場するのは、仙台の「杜の都」である。江戸時代、伊達政宗は家禄の不足を補うために、屋敷内に果樹(杏・柿・栗・リンゴ)や用材となるスギ等の植樹を奨励した。このため、城下の武家屋敷は、一戸あたり約二〇〇坪であったため、樹木がまち全体を覆っていたと伝えられている。一九〇九年、観光の案内として「仙台松島塩竈遊覧の栞」が発行され、その中に「森の都」という言葉が登場した。

この時点では、「杜」ではなく「森」と記載されているが、市内を広瀬川、四ツ谷用水が貫流し、樹木が至る所に繁茂し、常に大気が澄み渡り、都会の紅塵(こうじん)がみられず、それ故に「森の都」と称すると述べられている。大正から昭和にかけて、「森」と「杜」は同義語として登場する。一九三四年に、仙台市は風致地区を導入し、次第に「杜の都」と称されるようになった。

仙台は、一九四五年の空襲で壊滅した。復興の目標として「昔のような杜の都にしたい」と、一九五〇年、市議会で岡崎栄松市長(当時)の答弁が行われた。一九七三年、「杜の都の環境をつくる条例」が定められ、その思想は、今日も継承されている。「杜の都」は、都市の壊滅という危機の中から誕生した言葉であった。

本書で掲げる「杜」の思想は「自然を敬い、慈しみ、美しい暮らしの場を創り出してきた日本の伝統に立脚し、地球環境の危機に対して、市民が敢然と挑戦する目標像」を、簡潔な一語で世界に示し、文化の視点から発信していくものである。

6　「社会的共通資本」のサステイナビリティ

社会が共有する「理念」

本書では、神宮外苑における樹木の強行伐採に象徴される本質的問題を示し、「社会的共通資本としての緑地」とは、どのようなものか、世界、日本各地の事例を通して明らかにした。

さらに、外苑の再開発の構図を明らかにし、怒濤のような規制緩和により、文化資産としての緑地が存亡の危機にあることを述べた。一方、地球温暖化による脅威を、神宮内苑を事例として示し、歴史的データと現存植生調査を踏まえて、伊勢神宮の森林経営計画(一九二三年)に学び、千年の目線を有する東京の杜の回復が必要であることを述べた。

これらの問題は、内苑・外苑にとどまらず、日本の公園緑地を揺るがす重大なものとなっている。再開発の危機に瀕する公園緑地は、全国各地に予備軍が存在している。すでに太政官布達公園である東京都の「芝公園」では、着々と、公園まちづくり制度適用の準備が進められており、外苑でこのまま再開発が合法として進めば、歯止めはきかなくなり、あたかも津波で堤防が決壊するように、濁流に呑み込まれることとなる。日本初の近代公園である日比谷公園では、由緒ある芝生広場が取り壊され、一部の樹木が伐採された。今後、公園を取り囲む超高層ビルから、ペデストリアンデッキと称される歩道橋が建設される予定である。公園は、私企業の付属物では、断じて、ない。かつて、広大な火除け地であった神田の護持院原（ごじいんはら）跡地の神田警察通りでは、住民の反対を押し切り、千代田区が街路樹の伐採を強行しており、住民が「寝ずの番」をする事態が続いている。築地市場跡地には、松平定信の築造した「浴恩園」の遺構が眠っている。春風の池と秋風の池、江戸園芸を支えた華麗な桜や花菖蒲の絵図も残されているが、再開発の前に市民が立ちあがっている。私たちの社会は、何処に向かおうとしているのだろうか。「社会的共通資本としての緑地」のサステイナビリティ（持続可能性）に向けた原理・原則の熟考が必須である。

サステイナビリティの構図

図展-10は、「社会的共通資本としての緑地」のサステイナビリティの構図を示したものである。世界各国、そして日本の優れた事例から学ぶことは、「理念なき、実現はない」ということである。例外はない。本書で詳述した神宮内外苑は、百年前は、「森厳荘重」と「公衆優遊の場」という明確な理念を有していた。現在、東京都や事業者が掲げている外苑における「良

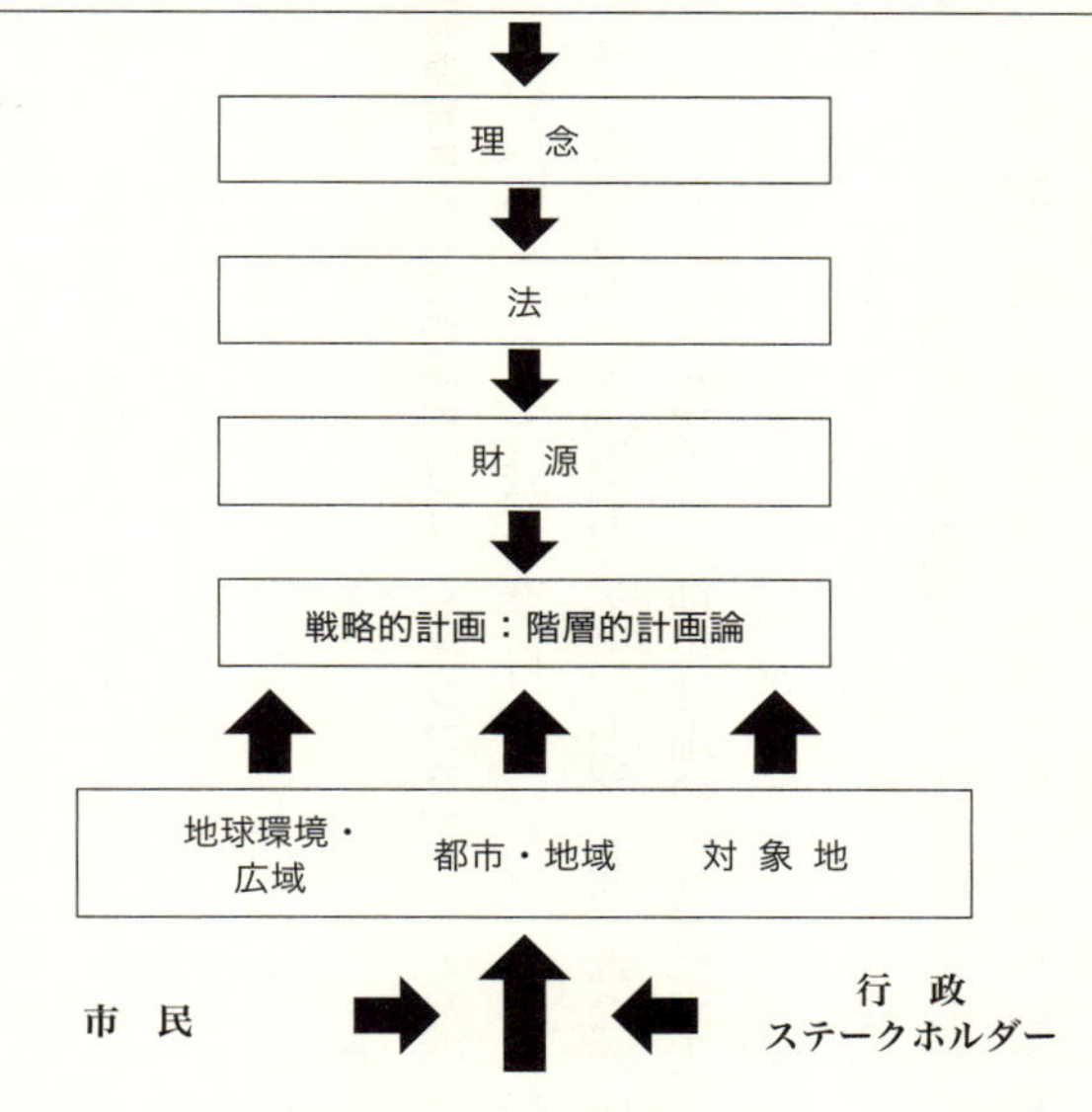

図展-10　社会的共通資本としての緑地のサステイナビリティ

好な市街地の開発」は、社会に貢献する「理念」にはなりえない。

一方、「理念」のみでは社会実装は不可能である。これに基づく「法」があり、財源が検討され、同時に「戦略的計画論」の導入が必須である。地球環境時代の今日、この計画論は、地区に特化したものではなく、階層構造(広域～地球環境まで)を有する必要がある。これを支えるものが、市民、行政、企業等の多様なステークホルダーである。

しかし、神宮外苑の場合は、何よりも市民の参加が、鋼鉄の壁の前に固く閉じられている。規制緩和の対象とはならない公園緑地に対し、事業者により営利追及の再開発案がつくられ、これを可能とする都市計画制度が東京都により構築された。都市計画審議会への諮問は段取りが行われた後であり、住民説明会は形式的で、意見が採用されることはほとんどなかった。審議会の機能不全等、数々の問題が山積しており、民主主義の原点が問われる現状にある。

社会的共通資本としての緑地（グリーンインフラ）

一人一人の人間としての尊厳、魂の自立、暮らしの場の豊かさと文化を次世代へと繋いでいくためには「変わるものと、変わらないもの」を、社会が明確に峻別する力を有していなければならない。一九八〇年代より、都市計画の規制緩和が、経済活性化のために必要とされ、二〇〇二年には都市再生特別措置法が制定された。規制緩和の原則は、次の五点にある。何を対象とするのか、緩和による社会への貢献は何か、何処まで緩和を行うのか、代替措置をどのようにするか、そして如何なる公明正大な手続きを踏むかである。

しかし「社会的共通資本としての緑地」は、市街地の容積率の引き上げや用途の変更等の規制緩和とは一線を画するものであり、有為転変する都市にあって「変わってはならないもの」

であるという社会的合意形成が必要である。

緑地は、本書で明らかにしたように、時間のスケールが全く異なるものである。帯広は、「千古斧鉞（せんこふえつ）」を知らぬアイヌの人びとが護ってきた杜との共存を目標としており、東日本大震災からの復興は、八千年にわたる阿武隈川の氾濫により形成された「微高地」と江戸期よりの居久根（いぐね）を安全なまちづくりの規範とした。東京については、「千年の杜・東京」のヴィジョンが必要であることを述べた。

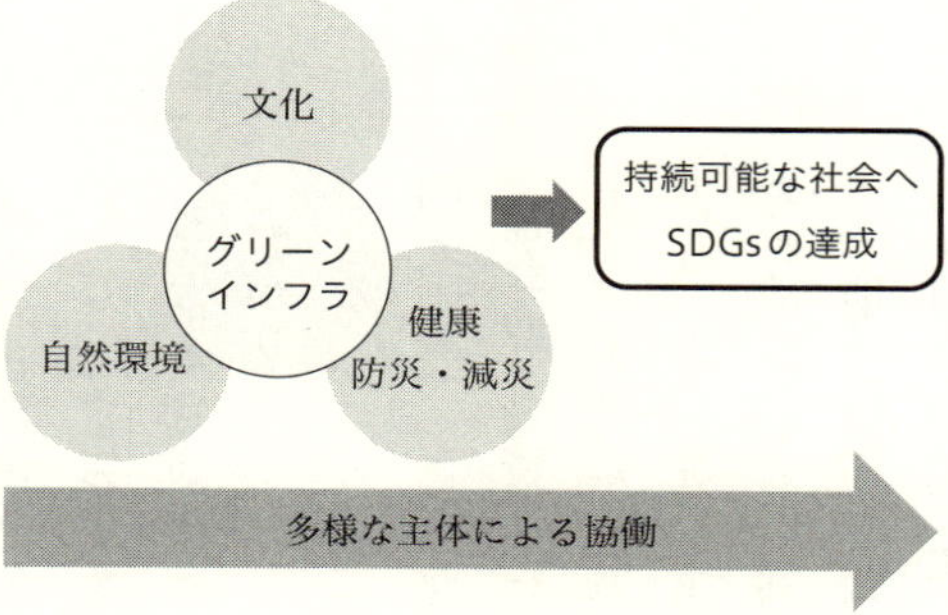

図展-11　社会的共通資本としての緑地（グリーンインフラ）

このことから「社会的共通資本としての緑地」は、次のように定義することができる。

「社会的共通資本としての緑地」（グリーンインフラ）は、自然環境を生かし、地域固有の歴史、文化、生物多様性を踏まえ、地球環境の持続的維持と安心・安全な暮らし、人びとの命の尊厳を守るために、戦略的計画に基づき構築される「社会の冨」である（図展-11）。

一　「社会的共通資本としての緑地」（グリーンインフラ）は、人と自然との共生を究極の目的とし、文化を支え、地球環境の持続的維持に寄与するものである。

二　「社会的共通資本としての緑地」は、コミュニティから都市、広域圏、地球環境にまで繋がりを有し、ネットワーク構造を有することにより、その真価を発揮することができる。このためには、法、技術、政策、財源、マネジメントに裏付けされた「戦略的計画論」の構築が必須である。

三　「社会的共通資本としての緑地」は、優れて、それぞれの地域固有の形態を表出するものであり、生態系の回廊を形づくり、水循環を支え、安心で安全な暮らしの場を提供し、人と自然が生み出す文化的風土を形成するものである。

四　それ故に「社会的共通資本としての緑地」は、所与のものとして存在するものではなく、地域に暮らす人びとの協働と不断の努力により動的に変化していくものであり、持続可能な社会に向けて将来世代へと手渡していく必要がある。

あとがき

本書は、日々の風景の中に見え隠れする「自然を敬い、慈しみ、美しい暮らしの場を創り出してきた先人たちの努力の軌跡」を通して、文化を支える「社会的共通資本としての緑地」(グリーンインフラ)について考察を行ったものです。都市の杜が、世界そして日本各地で、時を超えて継承されている原理・原則を具体的に解明し、グリーンインフラの定義・要件を明らかにしました。これは、社会において「誰一人取り残さない」という、今日の持続可能な開発目標(SDGs)に通じるものです。

この考え方を伝統的に実践してきたのが日本です。すべての人びとが四季折々の自然の風物を楽しみながら交流する「林泉」の文化は、江戸期には白河の南湖、水戸の偕楽園、江戸の井伊家林泉(現在の明治神宮内苑)など、各地で展開されていました。明治期には「太政官布達公園」となり、今日に継承されています。

近代化の中で生み出された「都市の杜」の一つが、明治神宮内苑と外苑です。現在、事業者は「私有地」と主張し、外苑では大量の樹木伐採を行い、超高層ビルを建設するプロジェクトが進んでいます。本書では、内苑・外苑は長い年月をかけて手渡されてきた「社会的共通資本としての緑地」であることを明らかにしてきました。

都市における緑地は、戦争、災害、感染症の脅威、環境破壊等、多くの危機に直面しつつも、先人たちの努力により、現代を生きる私たちに受け継がれてきました。しかしながら、現在、「怒濤の規制緩和」の前に、改廃の坂道を転がり落ちる寸前となっています。再開発の危機に瀕している公園緑地は全国各地にあり、日本の文化そのものを揺るがす事態となっています。「展望」に記したように、「社会的共通資本としての緑地」は、所与のものとして存在するのではなく、地域に暮らす人びとの協働と不断の努力により動的に変化していくものです。私たち一人一人が目の前にある危機を直視し、市民自らの力で、自らの地域の緑地を護り、持続可能な社会に向けて、未来の世代に「社会の冨」を手渡していく責務があると考えます。

本書の刊行にあたっては、多くの皆様からご助力をいただきました。岩波書店の伊藤耕太郎さんには神宮外苑のイチョウ並木に迫る危機について『世界』へ執筆させていただき、ジャーナリストの佐々木実さんにはその橋渡しをしていただきました。恩師である井手久登先生（東京大学名誉教授）、大方潤一郎先生（東京大学名誉教授）、岩見良太郎先生（埼玉大学名誉教授）、原科幸彦先生（東京工業大学名誉教授）には、造園、都市計画及び環境影響評価について、学術的観点から貴重なご指摘をいただきました。文化資産を護るため、国際社会からもカール・スタイニッツ先生（ハーバード大学名誉教授）、クリスティーナ・ブランコ先生（リスボン工科大学教授）、国際イコモスのエリザベス・ブラベック先生、日本イコモス国内委員会岡田保良委員長には、力強い御支援をたまわりました。図面を作成してくださった角井典子さん、大橋智子さん、川口真央さん、加藤なぎささん、藤井京乃さん、外苑のナンジャモンジャを熟知しておられる木川発夫さんにも、大変お世話になりました。

そして、岩波新書編集部編集長の中山永基さんには、この間、執筆を一貫して支えていただき、適確なご助言と激励のお言葉をたまわりました。心から感謝申し上げます。

神宮内苑・外苑にも、心なしか春の気配が漂っています。早春の小雨の中に、杜の妖精カタクリが、今年も小さな芽をのぞかせています。本書が、太古より続く「千年の杜」を、叡智を絞り、護り育てていく一助になれば、これにまさる幸せはありません。

二〇二五年三月一一日　東日本大震災発生から一四年目の春に

石川幹子

s0m0f1&d=m
図展-7：『神宮宮域林』
図展-9：（公財）東京都公園協会
表 3-1：『明治神宮境内総合調査報告』に基づき，筆者作成
表 3-2：『明治神宮境内総合調査報告』及び『鎮座百年記念第二次明治神宮境内総合調査報告書』に基づき，筆者作成
※図「千年の杜・東京」，6-2，6-3，6-7 は角井典子が図版制作

Moore, Chares ed.(1901), *Papers related to The Improvement of The City of Washington, District of Columbia*, Washington, Government Printing Office.
Moore, Charles ed.(1902), *The Improvement of the Park System of the District of Columbia*, Fifty Seventh Congress, First Session, Senate Report No. 166, Washington, D.C., Government Printing Office.
McCullen, A. John(2011), *Phoenix Park*, published by the Stationary Office.
Zaitzevsky, Cynthia(1982), *Frederick Law Olmsted and the Boston Park System*, Cambridge, Mass., Harvard University Press.

■出典について
特に出所を明記していない写真は筆者が撮影したもの.
図「千年の杜・東京」, 6–1, 6–8, 展–10, 展–11：筆者作成
図序–2, 5–1, 5–2, 5–3, 5–4, 5–6, 5–9, 5–12, 5–14, 5–15, 展–1：『明治神宮外苑志』
図序–3, 図 6–6：「神宮外苑地区公園まちづくり計画　公園まちづくり計画提案書　概要版」の図に, 筆者加筆
図 1–1：『グリーンインフラ』
図 1–2：*Phoenix Park*
図 1–3：*Commons, Forests and Footpaths*
図 1–4, 1–5：*Frederick Law Olmsted and the Boston Park System*
図 2–1 及び展望扉：基盤地図情報(国土地理院), 国土数値情報(国土交通省)に基づき, (株)地圏環境テクノロジー作成
図 3 章扉, 3–1, 3–3, 3–5, 3–9, 3–12, 4–2：『明治神宮造営誌』
図 3–2：小室翠雲筆「楽翁公遺蹟南湖公園十七景圖」の一部
図 3–7, 3–10：『明治神宮御境内林苑計画』
図 3–11：『明治神宮境内総合調査報告』
図 3–13：『鎮座百年記念第二次明治神宮境内総合調査報告書』
図 5–5：*Report of the Board of Park Commissioners*
図 6–2：「土地所有図」(東京都資料)に基づき, 筆者作成
図 6–3：「東京都都市計画風致地区地域区分図」に基づき, 筆者作成
図 6–4：「公園まちづくり制度活用のイメージ図」に, 筆者加筆
図 6–7：「神宮外苑地区公園まちづくり計画　公園まちづくり計画提案書概要版」に基づき, 筆者作成
図展–2：『明治神宮外苑七十年誌』
図展–3 左：*Papers related to The Improvement of The City of Washington, District of Columbia*
図展–4：https://www.icomos.org/en/get-involved/inform-us/heritage-alert/current-alerts/125573-heritage-alert-jingu-gaien
図展–6：国土地理院ウェブサイト https://maps.gsi.go.jp/#16/35.672742/139.697753/&ls=ort_old10&disp=1&lcd=ort_old10&vs=c1g1j0h0k0l0u0t0z0r0

参考文献・出典

■本書の内容は，主として筆者がこれまで発表してきた次の書籍に基づいています．より詳しく知りたい方は以下をご参照ください．
石川幹子(2001)『都市と緑地』岩波書店
石川幹子・岸由二・吉川勝秀編(2005)『流域圏プランニングの時代』技報堂出版
石川幹子(2020)『グリーンインフラ』中央大学出版部
所眞理雄・高橋桂子・石川幹子編(2022)『水大循環と暮らしⅢ』丸善プラネット

■そのほかの参考図書
今泉宜子(2013)『明治神宮』新潮社
上原敬二(2009)『人のつくった森』東京農業大学出版会
宇沢弘文(2000)『社会的共通資本』岩波書店
内山正雄・蓑茂寿太郎(1981)『代々木の森』郷学舎
木村政生(2000)『神宮宮域林について』伊勢神宮崇敬会
木村政生(2001)『神宮御杣山の変遷に関する研究』国書刊行会
小堺吉光著，広島平和文化センター編(1978)『ヒロシマ読本』渓水社
佐藤昌(1977)『日本公園緑地発達史　上下』(株)都市計画研究所
鎮座百年記念第二次明治神宮境内総合調査委員会編(2013)『鎮座百年記念第二次明治神宮境内総合調査報告書』明治神宮社務所
内務省神社局(1930)『明治神宮造営誌』
本郷高徳(1921)『明治神宮御境内林苑計画』(『明治神宮叢書　第13巻　造営編(2)』に収録)
前島康彦(1989)『東京公園史話』東京都公園協会
美智子(2025)『歌集 ゆふすげ』岩波書店
明治神宮外苑七十年誌編集委員会編(1998)『明治神宮外苑七十年誌』明治神宮外苑
明治神宮境内総合調査委員会(1980)『明治神宮境内総合調査報告』明治神宮社務所
明治神宮とランドスケープ研究会(2020)『明治神宮100年の森』東京都公園協会
明治神宮奉賛会(1937)『明治神宮外苑志』
Eversley, Lord (1910), *Commons, Forests and Footpaths*, Cassell and Company, Ltd.
Howard, Ebenezer (1902), *Garden Cities of To-morrow*, London, Swan Sonnenschein & Co., Ltd.
Kansas City (1914), *Report of the Board of Park Commissioners*, Missouri.

石川幹子

1948年宮城県生まれ．東京大学農学部卒業，ハーバード大学デザイン学部大学院修了．環境計画・設計．農学博士，技術士．計画・設計に，「21世紀の公園」(EU環境基金最優秀賞)，「学びの森」(土木学会デザイン賞最優秀賞)，「水と緑の回廊計画」(みどりの学術賞)，「四川汶川大地震・農耕文明遺産地設計」(都江堰市文化功労栄誉賞)，「東日本大震災復興・宮城県岩沼市」(日本都市計画学会石川賞)，「ブータン王国ロイヤルパーク設計」など．東京都都市計画審議会委員，公園審議会委員などを歴任．

現在―中央大学研究開発機構・機構教授．東京大学名誉教授

著書―『都市と緑地』(岩波書店，日本都市計画学会論文賞)，『グリーンインフラ』(中央大学出版部，日本造園学会学会賞)など

緑地と文化
――社会的共通資本としての杜(もり)　　岩波新書(新赤版)2060

2025年4月18日　第1刷発行

著　者　石川幹子(いしかわみきこ)

発行者　坂本政謙

発行所　株式会社 岩波書店
〒101-8002 東京都千代田区一ツ橋2-5-5
案内 03-5210-4000　営業部 03-5210-4111
https://www.iwanami.co.jp/

新書編集部 03-5210-4054
https://www.iwanami.co.jp/sin/

印刷・理想社　カバー・半七印刷　製本・中永製本

ISBN 978-4-00-432060-9　　Printed in Japan

岩波新書新赤版一〇〇〇点に際して

ひとつの時代が終わったと言われて久しい。だが、その先にいかなる時代を展望するのか、私たちはその輪郭すら描きえていない。二〇世紀から持ち越した課題の多くは、未だ解決の緒を見つけることのできないままであり、二一世紀が新たに招きよせた問題も少なくない。グローバル資本主義の浸透、憎悪の連鎖、暴力の応酬——世界は混沌として深い不安の只中にある。

現代社会においては変化が常態となり、速さと新しさに絶対的な価値が与えられた。消費社会の深化と情報技術の革命は、種々の境界を無くし、人々の生活やコミュニケーションの様式を根底から変容させてきた。ライフスタイルは多様化し、一面では個人の生き方をそれぞれが選びとる時代が始まっている。同時に、新たな格差が生まれ、様々な次元での亀裂や分断が深まっている。社会や歴史に対する意識が揺らぎ、普遍的な理念に対する根本的な懐疑や、現実を変えることへの無力感がひそかに根を張りつつある。そして生きることに誰もが困難を覚える時代が到来している。

しかし、日常生活のそれぞれの場で、自由と民主主義を獲得し実践することを通じて、私たち自身がそうした閉塞を乗り超え、希望の時代の幕開けを告げてゆくことは不可能ではあるまい。そのために、いま求められていること——それは、個と個の間で開かれた対話を積み重ねながら、人間らしく生きることの条件について一人ひとりが粘り強く思考することではないか。その営みの糧となるものが、教養に外ならないと私たちは考える。歴史とは何か、よく生きるとはいかなることか、世界そして人間はどこへ向かうべきなのか——こうした根源的な問いとの格闘が、文化と知の厚みを作り出し、個人と社会を支える基盤としての教養となった。まさにそのような教養への道案内こそ、岩波新書が創刊以来、追求してきたことである。

岩波新書は、日中戦争下の一九三八年一一月に赤版として創刊された。創刊の辞は、道義の精神に則らない日本の行動を憂慮し、批判的精神と良心的行動の欠如を戒めつつ、現代人の現代的教養を刊行の目的とする、と謳っている。以後、青版、黄版、新赤版と装いを改めながら、合計二五〇〇点余りを世に問うてきた。そして、いままた新赤版が一〇〇〇点を迎えたのを機に、人間の理性と良心への信頼を再確認し、それに裏打ちされた文化を培っていく決意を込めて、新しい装丁のもとに再出発したいと思う。一冊一冊から吹き出す新風が一人でも多くの読者の許に届くこと、そして希望ある時代への想像力を豊かにかき立てることを切に願う。

（二〇〇六年四月）

岩波新書より

日本史

古墳と埴輪　和田晴吾
〈一人前〉と戦後社会　禹宗杬・沼尻晃伸
豆腐の文化史　原田信男
桓武天皇　瀧浪貞子
読み書きの日本史　八鍬友広
日本中世の民衆世界　三枝暁子
森と木と建築の日本史　海野聡
幕末社会　須田努
江戸の学びと思想家たち　辻本雅史
上杉鷹山　「富国安民」の政治　小関悠一郎
藤原定家『明月記』の世界　村井康彦
性からよむ江戸時代　沢山美果子
景観からよむ日本の歴史　金田章裕
律令国家と隋唐文明　大津透
伊勢神宮と斎宮　西宮秀紀
百姓一揆　若尾政希

給食の歴史　藤原辰史
大化改新を考える　吉村武彦
江戸東京の明治維新　横山百合子
戦国大名と分国法　清水克行
東大寺のなりたち　森本公誠
武士の日本史　髙橋昌明
五日市憲法　新井勝紘
後醍醐天皇　兵藤裕己
茶と琉球人　武井弘一
近代日本一五〇年　山本義隆
語る歴史、聞く歴史　大門正克
義経伝説と為朝伝説　日本史の北と南　原田信男
出羽三山　山岳信仰の歴史を歩く　岩鼻通明
日本の歴史を旅する　五味文彦
一茶の相続争い　高橋敏
鏡が語る古代史　岡村秀典
日本の近代とは何であったか　三谷太一郎
戦国と宗教　神田千里

古代出雲を歩く　平野芳英
自由民権運動　〈デモクラシー〉の夢と挫折　松沢裕作
風土記の世界　三浦佑之
京都の歴史を歩く　小林丈広・高木博志・三枝暁子
蘇我氏の古代　吉村武彦
昭和史のかたち◆　保阪正康
「昭和天皇実録」を読む◆　原武史
生きて帰ってきた男　小熊英二
遺骨　戦没者三一〇万人の戦後史　栗原俊雄
在日朝鮮人　歴史と現在　水野直樹・文京洙
京都〈千年の都〉の歴史　高橋昌明
唐物の文化史◆　河添房江
小林一茶　時代を詠んだ俳諧師　青木美智男
信長の城　千田嘉博
出雲と大和　村井康彦
女帝の古代日本◆　吉村武彦
古代国家はいつ成立したか　都出比呂志

(2024.8)　◆は品切，電子書籍版あり．(N1)

岩波新書より

渋沢栄一 社会企業家の先駆者 島田昌和
平家の群像 物語から史実へ 高橋昌明
アマテラスの誕生 溝口睦子
金・銀・銅の日本史 村上隆
戦艦大和 生還者たちの証言から◆ 栗原俊雄
歴史のなかの天皇◆ 吉田孝
沖縄現代史〔新版〕 新崎盛暉
刀狩り◆ 藤木久志
戦後史 中村政則
明治デモクラシー 坂野潤治
環境考古学への招待 松井章
源義経 五味文彦
奈良の寺 奈良文化財研究所編
西園寺公望 岩井忠熊
日本の軍隊◆ 吉田裕
日本文化の歴史 尾藤正英
熊野古道◆ 小山靖憲
日本社会の歴史 上・中・下 網野善彦

神仏習合 義江彰夫
従軍慰安婦 吉見義明
考古学の散歩道 田中琢 佐原真
武家と天皇 今谷明
琉球王国 高良倉吉
昭和天皇の終戦史 吉田裕
西郷隆盛 猪飼隆明
平泉 よみがえる中世都市 斉藤利男
象徴天皇制への道 中村政則
軍国美談と教科書 中内敏夫
一揆 勝俣鎮夫
日本文化史〔第二版〕 家永三郎
自由民権◆ 色川大吉
日本中世の民衆像◆ 網野善彦
神々の明治維新 安丸良夫
真珠湾・リスボン・東京 森島守人
陰謀・暗殺・軍刀 森島守人
東京大空襲 早乙女勝元
兵役を拒否した日本人 稲垣真美

演歌の明治大正史 添田知道
太平洋海戦史〔改訂版〕◆ 高木惣吉
太平洋戦争陸戦概史◆ 林三郎
昭和史〔新版〕◆ 遠山茂樹 今井清一 藤原彰
管野すが 絲屋寿雄
明治維新の舞台裏〔第二版〕 石井孝
革命思想の先駆者 家永三郎
「おかげまいり」と「ええじゃないか」 藤谷俊雄
犯科帳 森永種夫
大岡越前守忠相 大石慎三郎
応仁の乱 鈴木良一
歌舞伎以前 林屋辰三郎
源頼朝 永原慶二
京都 林屋辰三郎
日本神話◆ 上田正昭
沖縄のこころ 大田昌秀
ひとり暮しの戦後史 塩沢美代子 島田とみ子
戦没農民兵士の手紙 岩手県農村文化懇談会編

岩波新書より

岩波新書より

芸術

岩波新書／最新刊から

2052 **ビジネスと人権**
―人を大切にしない社会を変える―
伊藤和子 著
私たち一人一人が国連のビジネスと人権に関する指導原則を知り、企業による人権侵害が横行する社会を変えていくための一冊。

2053 **ルポ 軍事優先社会**
―暮らしの中の「戦争準備」―
吉田敏浩 著
歯止めのない軍事化が暮らしを侵し始めている。その実態を丹念な取材で浮き彫りにし、対米従属の主体性なき安保政策を問う。

2054 **リンカン**
―「合衆国市民」の創造者―
紀平英作 著
「奴隷解放の父」として、史上最も尊敬を集めてきた大統領であるエイブラハム・リンカン。そのリーダーシップの源泉を問う。

2055 **世界の貧困に挑む**
―マイクロファイナンスの可能性―
慎泰俊 著
貧困から抜け出すためにこそ必要となる小さな金融サービス＝マイクロファイナンス。その現状と課題を、最前線から伝える。

2056 **学校の戦後史 新版**
木村元 著
学校の自明性が失われた今、「教える」ことが問われている。教育制度の土台が大きく揺らいだ二〇一五年以降を見通す待望の新版。

2057 **歴史のなかの貨幣**
銅銭がつないだ東アジア
黒田明伸 著
銅銭は海を越え、日本を含む東アジア世界に大きなインパクトをもたらした。『貨幣システムの世界史』の著者による新たな貨幣史。

2058 **東京美術学校物語**
―国粋と国際のはざまに揺れて―
新関公子 著
東京芸術大学の前身、東京美術学校の波乱の歴史をたどりながら、明治維新以後の日本美術の、西洋との出会いと葛藤を描く。

2059 **ヒトとヒグマ**
―狩猟からクマ送り儀礼まで―
増田隆一 著
進化上の運命的な出会いと文化的な共存の謎に迫り、クマ送り儀礼の意味と可能性を問う。北海道大学の学際的な挑戦がここに。

(2025. 4)